建筑施工特种作业人员安全培训系列教材

施工升降机安装拆卸工

中国建筑业协会机械管理与租赁分会　**组编**

张燕娜　**主编**

中国建材工业出版社

图书在版编目（CIP）数据

施工升降机安装拆卸工/张燕娜主编．—北京：
中国建材工业出版社，2019.2

建筑施工特种作业人员安全培训系列教材
ISBN 978-7-5160-2409-6

Ⅰ．①施…　Ⅱ．①张…　Ⅲ．①升降机—装配（机械）—
安全培训—教材　Ⅳ．①TH211.08

中国版本图书馆 CIP 数据核字（2018）第 209854 号

内容提要

本书参考建筑起重机械安全监督管理规定、建筑施工特种作业人员管理规定、施工升降机标准及相关规定，对施工升降机安装拆卸工必须掌握的知识和技能进行了讲解。本书以实用为原则，内容深入浅出，语言通俗易懂，可操作性强。

本书既可作为施工升降机安装拆卸工的培训教材，也可作为相关专业人员参考和自学用书。

施工升降机安装拆卸工

Shigong Shengjiangji Anzhuangchaixiegong

中国建筑业协会机械管理与租赁分会　组编

张燕娜　主编

出版发行：中国建材工业出版社

地　　址：北京市海淀区三里河路 1 号

邮　　编：100044

经　　销：全国各地新华书店

印　　刷：北京雁林吉兆印刷有限公司

开　　本：850mm×1168mm　1/32

印　　张：7.5

字　　数：190 千字

版　　次：2019 年 2 月第 1 版

印　　次：2019 年 2 月第 1 次

定　　价：38.00 元

《施工升降机安装拆卸工》
编委会

主　任　委　员：张燕娜

副主任委员：史洪泉　李文波　杨　杰　王凯晖
　　　　　　　张　冲　谢　静　王成武

编　　　　委：杨高伟　帅玉兵　左建涛　杜　嵬
　　　　　　　陈　雄　司迎喜　张春红　张　琪
　　　　　　　王东升　王建华　张　磊　喻庆锋
　　　　　　　乔云龙　李　伟　张　岩　张　晶
　　　　　　　于　锦

前　言

　　我国历来高度重视产业工人队伍建设,特别是党的"十八大"以来,习近平总书记站在党和国家工作全局的战略高度,就产业工人队伍建设作出一系列重要论述。2017 年 2 月 6 日,习近平总书记主持召开中央全面深化改革领导小组第三十二次会议,审议通过《新时期产业工人队伍建设改革方案》。方案要求做到"在素质上提高",促进产业工人全面发展,加强产业工人理想信念教育,扎实细致地做好产业工人思想政治工作,加强面向产业工人的法治教育,完善现代职业教育制度,培养更多的高技能人才和大国工匠。

　　建筑起重设备安装、拆卸、顶升作业频繁,虽然占用的工作时间在其整个使用寿命中只是很少一部分,但安装、拆卸过程发生安全事故的占比约为 70%,事故原因多与无资质安装、无专项方案、无专业人员、违章安装和拆卸有关。因此,做好起重设备安装、拆卸工作,是保证作业安全、杜绝重大安全事故的一个重要环节。

　　本书以施工升降机的安装拆卸为主要内容,以科学、实用、易懂为编写原则,针对施工升降机安装拆卸从业人员文化水平不高、作业环境复杂、作业风险高的特点,结合当下施工升降机的发展,意在提高施工升降机安装拆卸作业人员的理论知识水平和操作技能水平。本书适用于施工升降机安装拆卸工的培训和指导,也可作为相关专业人员培训和自学用书。

　　由于时间仓促,经验不足,书中难免存在缺点和不足,欢迎广大读者批评指正。

编　者
2018 年 8 月

目　　录

第一章　高处作业基本常识

第一节　安全标志与安全色的基本知识

为了防止事故的发生，国家有关部门以标准或其他形式规定生产场所统一使用安全色和安全标志。安全色和安全标志以形象而醒目的信息语言向人们提供了表达禁止、警告、指令、提示等信息。了解它们表达的安全信息对于在工作、生活中趋利避害、预防事故发生有重要作用。

机械设备易发生危险的部位应设有安全标志或涂有安全色，提示操作人员注意。安全标志和安全色应符合《机械电气安全指示、标志和操作 第 1 部分：关于视觉、听觉和触觉信号的要求》GB18209.1—2010 及《安全色》GB2893—2008 的规定。

一、安全标志

常用的安全标志是警告标志、禁止标志和指令标志。

1. 警告标志

与机械安全有关的警告标志有注意安全、当心触电、当心机械伤人、当心扎脚、当心车辆、当心伤手、当心吊物、当心跌落、当心落物、当心弧光、当心电离辐射、当心激光、当心微波、当心滑跌、当心障碍物等。其基本特征：图形是三角形、黄色衬底、边框和图像是黑色。

2. 禁止标志

与机械安全有关的禁止标志有：禁止明火作业、禁止用水灭火、禁止启动、禁止合闸、修理时禁止转动、运转时禁止加油、禁止触摸、禁止通行、禁止攀登、禁止入内、禁止靠近、禁止堆放、禁止架梯、禁止抛物、禁止戴手套、禁止穿化纤服装、禁止穿带钉鞋。禁止标志的基本特征：图形为圆形、黑色，白色衬底，红色边框和斜杠。

3. 指令标志

与机械安全有关的指令标志有：必须戴防护眼镜、必须戴防毒面具、必须戴防尘口罩、必须戴安全帽、必须戴防护帽、必须戴护耳器、必须戴防护手套、必须穿防护鞋、必须系安全带、必须穿工作服、必须穿防护服、必须用防护装置。指令标志的基本特征为圆形、蓝色衬底、图形是白色。

4. 辅助标志

当安全标志本身不能够传递安全所需的全部信息时，用辅助标志给出附加的文字信息并且只能与安全标志同时使用。

二、安全色

《安全色》GB2893—2008 规定：

为了使人们对周围存在的不安全因素环境、设备引起注意，需要涂以醒目的安全色，以提高人们对不安全因素的警惕。统一使用安全色，能使人们在紧急情况下，借助所熟悉的安全色含义，识别危险部位，尽快采取措施，提高自控能力，有助于防止事故发生。但安全色的使用不能取代防范事故的其他措施。

安全色有红色、黄色、蓝色、绿色、红色与白色相间隔的条纹、黄色与黑色相间隔的条纹、蓝色与白色相间隔的条纹。对比色有白色和黑色。

1. 红色

传递禁止、停止、危险或提示消防设备、设施的信息。

如禁止标志：消防设备、停止按钮和停车、刹车装置的操纵把手、仪表刻度盘上的极限位置刻度、机器转动部件的裸露部分（飞轮、齿轮、皮带轮的轮辐、轮毂）、危险信号旗等。

2. 蓝色传递必须遵守规定的指令性信息。

3. 黄色传递注意、警告的信息。

凡是警告人们注意的器件、设备或环境，应涂以黄色标记。如警告标志：皮带轮及其防护罩的内壁、砂轮机罩的内壁、防护栏杆、警告信号旗等。

4. 绿色传递安全的提示性信息。

凡是在可以通行或安全情况下，应涂以绿色标记，如机器的启动按钮、安全信号旗以及指示方向的提示标志如太平门、安全通道、紧急出口、安全楼梯、可动火区、避险处等。

5. 红和与白色相间隔的条纹表示禁止或提示消防设备、设施位置的安全标记。

主要用于公路、交通等方面所用的防护栏杆及隔离墩。

6. 黄色与黑色相间隔的条纹表示危险位置的安全标记。

常用于流动式起重机的排障器、外伸支腿、回转平台的后部、起重臂端部、起重吊钩和配重、动滑轮组侧板，还用于剪板机的压紧装置、冲床的滑块，压铸机的动型板，圆盘送料机的圆盘，低管道等。

7. 蓝色与白色相间隔的条纹表示指令的安全标记，传递必须遵守的信息。

8. 绿色与白色相间的条纹表示安全环境的安全标记。

第二节 高处作业安全防护用品使用

由于建筑行业的特殊性，高处作业中发生的高处坠落、物体打击事故的比例较高。许多事故案例都说明，由于正确戴了安全帽、系安全带或按规定架设了安全网，从而避免了伤亡事故。事实证明，安全帽、安全带、安全网是减少和防止高处坠落和物体打击这类事故发生的重要措施，常称之为"三宝"。

作业人员必须正确使用安全帽，调好帽箍，系好帽带；正确使用安全带，高挂低用。

一、安全帽

对人体头部受外力伤害（如物体打击）起防护作用的帽子。使用时要注意：

1. 选用经有关部门检验合格，其上有"安鉴"标志的安全帽；

2. 戴帽前先检查外壳是否破损，有无合格帽衬，帽带是否齐全，如果不符合要求立即更换。

3. 调整好帽箍、帽衬（4～5cm），系好帽带。

二、安全带

高处作业人员预防坠落伤亡的防护用品，使用时要注意：

1. 选用经有关部门检验合格的安全带，并保证在使用有效期内。

2. 安全带严禁打结、续接。

3. 使用中，要可靠地挂在牢固的地方，高挂低用，且要防止摆动，避免明火和刺割。

4. 2m以上的悬空作业，必须使用安全带。

5. 在无法直接挂设安全带的地方，应设置挂安全带的安全拉绳、安全栏杆等。

三、安全网

用来防止人、物坠落或用来避免、减轻坠落及物体打击伤害的网具。使用时要注意：

1. 要选用有合格证的安全网；有其他要求的地区，必须按当地规定到有关部门检测、检验合格，方可使用。

2. 安全网若有破损、老化应及时更换。

3. 安全网与架体连接不宜绷得太紧，系结点要沿边分布均匀、绑牢。

4. 立网不得作为平网使用。

5. 立网必须选用密目式安全网。

第三节 高处作业安全常识

按照《高处作业分级》GB/T 3608—2008 规定：凡在坠落高度基准面 2m 以上（含 2m）的可能坠落的高处所进行的作业，都称为高处作业。

在施工现场高处作业中，如果未防护、防护不好或作业不当都可能发生人或物的坠落。人从高处坠落的事故，称为高处坠落事故。长期以来，预防施工现场高处作业的高处坠落、物体打击事故始终是施工安全生产的首要任务。

一、高处作业的基本类型

建筑施工中的高处作业主要包括临边、洞口、攀登、悬空、交叉等五种基本类型，这些类型的高处作业是高处作业伤亡事故可能发生的主要地点。

1. 临边作业

临边作业是指：施工现场中，工作面边沿无围护设施或围护设施高度低于 80cm 时的高处作业。

下列作业条件属于临边作业：

（1）基坑周边，无防护的阳台、料台与挑平台等；

（2）无防护楼层、楼面周边；

（3）无防护的楼梯口和梯段口；

（4）井架、施工电梯和脚手架等的通道两侧面；

（5）各种垂直运输卸料平台的周边。

2. 洞口作业

洞口作业是指：孔、洞口旁边的高处作业，包括施工现场及通道旁深度在 2m 及 2m 以上的桩孔、沟槽与管道孔洞等边沿作业。

建筑物的楼梯口、电梯口及设备安装预留洞口等（在未安装正式栏杆，门窗等围护结构时），还有一些施工需要预留的上料口、通道口、施工口等。凡是在 2.5cm 以上，洞口若没有防护时，就有造成作业人员高处坠落的危险；或者若不慎将物体从这些洞口坠落时，还可能造成下面的人员发生物体打击事故。

3. 攀登作业

攀登作业是指：借助建筑结构或脚手架上的登高设施或采用梯子或其他登高设施在攀登条件下进行的高处作业。

在建筑物周围搭拆脚手架、张挂安全网，装拆塔机、龙门架、井字架、施工电梯、桩架，登高安装钢结构构件等作业都属于这种作业。

进行攀登作业时作业人员由于没有作业平台，只能攀登在可借助物的架子上作业，要借助一手攀，一只脚勾或用腰绳来保持平衡，作业难度大，危险性大，稍有不慎就可能坠落。

4. 悬空作业

悬空作业是指：在周边临空状态下进行的高处作业。其特点是在操作者无立足点或无牢靠立足点条件下进行高处作业。

建筑施工中的构件吊装，利用吊篮进行外装修，悬挑或悬空梁板、雨篷等特殊部位支拆模板、扎筋、浇筑混凝土等项作业都属于悬空作业，由于是在不稳定的条件下施工作业，危险性很大。

5. 交叉作业

交叉作业是指：在施工现场的上下不同层次，于空间贯通状态下同时进行的高处作业。

现场施工上部搭设脚手架、吊运物料、地面上的人员搬运材料、制作钢筋，或外墙装修下面打底抹灰、上面进行面层装饰等，都是施工现场的交叉作业。交叉作业中，若高处作业不慎碰掉物料，失手掉下工具或吊运物体散落，都可能砸到下面的作业人员，发生物体打击伤亡事故。

二、高处作业安全技术常识

高处作业时的安全措施有设置防护栏杆，孔洞加盖，安装安全防护门，满挂安全平立网，必要时设置安全防护棚等。

1. 高处作业的一般施工安全规定和技术措施

（1）施工前，应逐级进行安全技术教育及交底，落实所有安全技术措施和个人防护用品，未经落实时不得进行施工。

（2）高处作业中的安全标志、工具、仪表、电气设施和各种设备，必须在施工前加以检查，确认其完好，方能投入使用。

（3）悬空、攀登高处作业以及搭设高处安全设施的人员必须按照有关规定经过专门的安全作业培训，并取得特种作业操作资格证书后，方可上岗作业。

（4）从事高处作业的人员必须定期进行身体检查，诊断患有心脏病、贫血、高血压、癫痫病、恐高症及其他不适宜高处作业的疾病时，不得从事高处作业。

（5）高处作业人员应戴安全帽，穿紧口工作服，穿防滑鞋，系安全带。

（6）高处作业场所有坠落可能的物体，应一律先行撤除或予以固定。所用物件均应堆放平稳，不妨碍通行和装卸。工具应随手放入工具袋，拆卸下的物件及余料和废料均应及时清理运走，清理时应采用传递或系绳提溜方式，禁止抛掷。

（7）遇有六级以上强风、浓雾和大雨等恶劣天气，不得进行露天悬空与攀登高处作业。台风暴雨后，应对高处作业安全设施逐一检查，发现有松动、变形、损坏或脱落、漏雨、漏电等现象，应立即修理完善或重新设置。

（8）所有安全防护设施和安全标志等任何人都不得损坏或擅自移动和拆除。因作业必须临时拆除或变动安全防护设施、安全标志时，必须经有关施工负责人同意，并采取相应的可靠措施，作业完毕后立即恢复。

（9）施工中对高处作业的安全技术设施发现有缺陷和隐患时，必须立即报告，及时解决，危及人身安全时，必须立即停止作业。

2. 高处作业的基本安全技术措施

（1）凡是临边作业，都要在临边处设置防护栏杆，上杆离地面高度一般为 1.0～1.2m，下杆离地面高度为 0.5～0.6m；防护栏杆必须自上而下用安全网封闭，或在栏杆下边设置严密固定的高度不低于 18cm 的挡脚板或 40cm 的挡脚笆。

（2）对于洞口作业，可根据具体情况采取设防护栏杆、加盖板、张挂安全网与装栅门等措施。

（3）进行攀登作业时，作业人员要从规定的通道上下，不能在阳台之间等非规定通道进行攀登，也不得任意利用吊车车臂架等施工设备进行攀登。

（4）进行悬空作业时，要设有牢靠的作业立足处，并视具体情况设防护栏杆，搭设脚手架、操作平台，使用马凳，张挂安全网或其他安全措施；作业所用索具、脚手板、吊篮、吊笼、平台等设备，均需经技术鉴定方能使用。

（5）进行交叉作业时，注意不得在上下同一垂直方向上操作，下层作业的位置必须处于依上层高度确定的可能坠落范围之外。不符合以上条件时，必须设置安全防护层。

（6）结构施工自二层起，凡人员进出的通道口（包括井架、施工电梯的进出口），均应搭设安全防护棚，高度超过 24m 时，防护棚应设双层。

（7）建筑施工进行高处作业之前，应进行安全防护设施的检查和验收，验收合格后，方可进行高处作业。

第四节　施工消防知识及现场急救知识

一、消防知识

1. 消防知识的概念

（1）防火：我国消防工作的方针是"以防为主，防消结合"。

"以防为主"就是要把预防火灾的工作放在首要地位，开展防火安全教育，提高人民群众对火灾的警惕性；健全防火组织，严密防火制度，进行防火检查，消除火灾隐患，贯彻建筑防火措施等。

"防消结合"就是在积极做好防火工作的同时，在组织上、思想上、物质上和技术上做好灭火战斗的准备。一旦发生火灾，就能迅速地赶赴现场，及时有效地将火灾扑灭。

（2）燃烧：俗称"起火"、"着火"，是一种发光、发热的化学反应。

2. 火灾和爆炸原因

（1）发生火灾应具备的三个必要条件：可燃物、助燃物、火源或高温。

（2）燃烧要具备的三个充分条件：一定浓度、一定的含氧量、一定的着火能量。

（3）可燃物：指能与空气中的氧或其他氧化剂起化学反应的

物质，如汽油、塑料、棉花、木材、乙炔等。

（4）助燃物：指能帮助可燃物燃烧的物质，又称氧化剂。

（5）火源：能引起可燃物燃烧的热能源，如明火、电火花、电弧、高温等，但不同的物质其燃点是不一样的。

3. 火灾应急处理

（1）及时、准确地报警

当发生火灾时，应视火势情况，在向周围人员报警的同时向消防队报警，直接拨打"119"火警电话，同时还要向单位领导和有关部门报告。电气起火应迅速切断电源。

（2）扑灭初起之火，力争把火灾消灭在初起阶段。此阶段是扑灭火灾的最佳时机。在报警的同时，要分秒必争，抓紧时间。

（3）火灾中的自救

火灾中的人员伤亡，多发生在楼上或因逃生困难或因烟气窒息或被迫跳楼或被烈火焚烧。火灾中的自救要注意以下几点：

① 如果楼梯已经着火，但火势尚不猛烈时，这时可用湿棉被、湿毯子裹在身上，从火中冲过去。

② 如果火势很大，则应寻找其他逃生途径，如利用阳台滑向下一层，跃向邻近房间，从屋顶逃生或顺着水管等落向地面。

③ 如果没有逃生之路，而所在房间离燃烧点还有一段距离，则可退居室内，关闭通往火区的所有门窗，有条件时还可向门窗洒水，或用碎布等塞住门缝，以延缓火势蔓延过程，等待求救。

④ 要设法发出求救信号，可向外打手势（夜间用手电），避免叫喊时救援人员听不见。

⑤ 如果火势逼近，又无其他逃生途径时，也不要仓促跳楼，可在窗上系上绳子，也可临时将床单等物品撕成条状并连接成绳子，顺着绳子下滑。

（4）火灾中的疏散

疏散是将受火灾威胁的人和物资疏散到安全地点，以减少人员伤亡和物资损失。疏散时要注意以下几点：

① 疏散人员要优先疏散老人、小孩和行走不便的病残人员。

② 疏散物资要优先疏散那些性质重要、价值大的原料、产品、设备、档案、资料等。

③ 对有爆炸危险的物品、设备也应优先疏散或采取安全措施。

在燃烧区和其他建筑物之间堆放的可燃物，也必须优先疏散，因为它们可能成为火势蔓延的媒介。

4. 灭火器的分类及使用方法

灭火器是由筒体、器头、喷嘴等部件组成，借助驱动压力可将所充装的灭火剂喷出，达到灭火的目的。灭火器由于结构简单、操作方便、轻便灵活、使用面广，是扑救初起火灾的重要消防器材。

（1）灭火器的分类

灭火器的种类很多，按其移动方式可分为手提式和推车式。按驱动灭火剂的动力来源可分为储气瓶式、储压式、化学反应式。按所充装的灭火剂则又可分为泡沫、干粉、卤代烷、二氧化碳、酸碱、清水等。

（2）常用灭火器适应火灾及使用方法（手提式）

① 化学泡沫灭火器：化学泡沫灭火器适用于扑救一般 B 类火灾，如油制品、油脂等火灾，也可适用于 A 类火灾，但不能扑救 B 类火灾中的水溶性可燃、易燃液体的火灾，如醇、酯、醚、酮等物质火灾，也不能扑救带电设备及 C 类和 D 类火灾。

灭火时，可手提筒体上部的提环，迅速奔赴火场。这时应注意不得使灭火器过分倾斜，更不可横拿或颠倒，以免两种药剂混合而提前喷出。当距离着火点 10m 左右时，即可将筒体颠倒过来，一只手紧握提环，另一只手扶住筒体的底圈，将射流对准燃烧物。在扑救可燃液体火灾时，如已呈流淌状燃烧，则将泡沫由远而近喷射，使泡沫完全覆盖在燃烧液面上；如在容器内燃烧，应将泡沫射向容器的内壁，使泡沫沿着内壁流淌，逐步覆盖着火液面。切忌直接对准液面喷射，以免由于射流的冲击，反而将燃烧的液体冲散或冲出容器，扩大燃烧范围。在扑救固体物质火灾时，应将射流对准燃烧最猛烈处。灭火时随着有效喷射距离的缩短，使用者应逐渐向燃烧区靠近，并始终将泡沫喷在燃烧物上，直到扑灭。使用时，灭火器应始终保持倒置状态，否则会中断喷射。

（手提式）化学泡沫灭火器存放应选择干燥、阴凉、通风并取用方便之处，不可靠近高温或可能受到暴晒的地方，以防止碳酸分解而失效；冬季要采取防冻措施，以防冻结；并应经常擦除灰尘、疏通喷嘴，使之保持通畅。

② 空气泡沫灭火器：空气泡沫灭火器适用范围基本与化学泡沫灭火器相同。但抗溶泡沫灭火器还能扑救水溶性易燃、可燃液体的火灾如醇、醚、酮等溶剂燃烧的初起火灾。该灭火器的启动方式与内装储气瓶式干粉灭火器相同，使用时可手提或肩扛迅速奔到火场，在距燃烧物 6m 左右时．拔出保险销，一只手握住开启压把，另一只手紧握喷枪，用力捏紧开启压把，打开密封或刺穿储气瓶密封片，空气泡沫即可从喷枪口喷出。灭火方法与手提式化学泡沫灭火器相同，但空气泡沫灭火器使用时，应使灭火器始终保持直立状态，切勿颠倒或横卧使用，否则会中断喷射。同时应一直紧握开启压把，不能松手，否则也会中断喷射。

③ 干粉灭火器：干粉灭火器是以干粉为灭火剂、二氧化碳或氮气为驱动气体的灭火器。按充入的干粉灭火剂种类来分，有碳酸氢钠干粉灭火器（也称 BC 干粉灭火器）和磷酸、铵盐干粉灭火器（也称 ABC 干粉灭火器）两种。实际使用 ABC 干粉灭火器居多。干粉灭火器适用于扑救石油及其产品、油漆等易燃可燃液体、可燃气体电气设备的初起火灾，工厂、仓库、机关、学校、商店、车辆、图书馆等单位可选用 ABC 干粉灭火器。灭火时，

可手提或肩扛灭火器快速奔赴火场，在距燃烧处 5m 左右时，放下灭火器。如在室外，应选择在上风方向喷射。使用的干粉灭火器若是外挂式储气瓶的，操作者应一只手紧握喷枪、另一只手提起储气瓶上的开启提环。如果储气瓶的开启是手轮式的，则向逆时针方向旋开，并旋到最高位置，随即提起灭火器。当干粉喷出后，迅速对准火焰的根部扫射。使用的干粉灭火器若是内置式储气瓶的或者是储压式的，操作者应先将开启把上的保险销拔下，然后握住喷射软管前端的喷嘴根部，另一只手将开启压把压下，打开灭火器进行喷射灭火。有喷射软管的灭火器或储压式灭火器，在使用时，一只手应始终压下压把，不能放开，否则会中断喷射。

干粉灭火器扑救可燃、易燃液体火灾时，应对准火焰根部扫射，如被扑救的液体火灾呈流淌燃烧时，应对准火焰根部由近而远，并左右扫射，直至把火焰全部扑灭。如果可燃液体在容器内燃烧，使用者应对准火焰根部左右晃动扫射，使喷射出的干粉流覆盖整个容器开口表面；当火焰被赶出容器时，使用者仍应继续喷射，直至将火焰全部扑灭。在扑救容器内可燃液体火灾时，应注意不能将喷嘴直接对准液面喷射，防止喷流的冲击力使可燃液体溅出而扩大火势，造成灭火困难。如果当可燃液体在金属容器中燃烧时间过长，容器的壁温已高于扑救可燃液体的自燃点，此时极易造成灭火后再复燃的现象，若与泡沫类灭火器连用，则灭火效果更佳。

如果使用 ABC 干粉灭火器扑救固体可燃物火灾时，应对准燃烧最猛烈处喷射，并上下、左右扫射。如条件许可，使用者可提着灭火器沿着燃烧物的四周边走边喷，使干粉灭火剂均匀地喷在燃烧物的表面，直至将火焰全部扑灭。

二、建筑施工现场急救知识

现场急救是在施工现场发生伤害事故时，伤员送往医院救治前，在现场实施必要和及时的抢救措施，是医院治疗的前期准备。

1. 建筑工地发生伤亡事故时应立即做好的三件事

（1）启动应急预案、有组织地抢救伤员、组织人员疏散、组织抢险救灾。

（2）保护事故现场不被破坏。如因抢救伤员等需要局部破坏现场时，应安排人员做好现场原始记录或拍照等。

（3）及时向单位领导报告，并按规定向上级和有关部门报告。发生火灾时及时拨打"119"火警电话，有人员伤亡时及时拨打"120"急救电话等

2. 现场抢救的原则

现场抢救必须做到"迅速、就地、准确、坚持"。

（1）"迅速"就是要争分夺秒、千方百计地使受害者脱离危险现场（触电者迅速脱离电源），并移放到安全地方，这是现场抢救的关键。

（2）"就地"就是要争取时间（时间就是生命），在现场（安全地方）就地进行抢救。

（3）"准确"就是抢救的方法、程序和施行的动作姿势要合适得当。

（4）"坚持"就是抢救者必须坚持到底，不轻易放弃，直到前来救护的医务人员判定触电者已经死亡、已再无法抢救时，方可停止抢救。

3. 高处坠落伤员的急救

当发生下坠时，应立即将头前倾，下颌紧贴胸骨，应屈腿，同时尽可能抓握附近的物体，以尽量降低伤害。万一施工人员从高处坠落，现场解救不可盲目，不然会导致伤情恶化，甚至危及生命。应首先观察其神志是否清醒，并察看伤员着地部位及伤势，做到心中有数。

伤员如昏迷，但心跳和呼吸存在，应立即将伤员的头偏向一侧，防止舌根后倒，影响呼吸。另外，还必须立即将伤者口中可能脱落的牙齿和积血清除，以免误入气管，引起窒息。对于无心跳和呼吸的伤员，应立即进行人工呼吸和胸外心脏按压，待伤员心跳、呼吸好转后，将伤员平卧在平板上，及时送往医院抢救。

如发现伤员耳朵、鼻子出血，可能有脑颅损伤，千万不可用手帕、棉布或纱布去堵塞，以免造成颅内压力增高和细菌感染。如外伤出血，应立即用清洁布块压迫伤口止血，压迫无效时，可用布带或橡皮带等在出血的肢体近躯处捆扎，上肢出血结扎在臂上 1/2 处，下肢出血结扎在大腿上 2/3 处，到不出血即可。注意每隔 25～40min 放松一次，每次放松 0.5～1min。

伤员如腰背部或下肢先着地，下肢有可能骨折，应将两下肢固定在一起，并应超过骨折的上下关节；上肢如骨折，应将上肢挪到胸侧，并固定在躯干上，如果怀疑脊柱骨折，搬运时千万注意要保持身体平伸位，不能让身体扭曲，然后由 3 人同时将伤员平托起来，即由一人托头及脊背，一人托臀部，一人托下肢，平稳运送，以防骨折部位不稳定，加重伤情。

腹部如有开放性伤口，应用清洁布或毛巾等覆盖伤口，不可将脱出物还原，以免感染。

抢救伤员时，无论哪种情况，应边抢救边就近送医院，并且应减少途中的颠簸，也不得翻动伤员。

4. 坍塌事故中的伤员急救

（1）解除挤压、移动受害者

一旦坍塌发生事故，应尽快解除挤压，在解除压迫的过程中，切勿生拉硬拽，以免进一步伤害；如全身被埋，应先清除头部的覆盖物，并迅速清除口、鼻污物，保持呼吸畅通。

小心谨慎地移动伤员，最为可靠的移动方法是：

① 双手握住伤员肩膀处的衣服；

② 以双手腕支撑伤员的头部；

③ 拖拉伤员的衣服。

（2）现场抢救

① 抢救休克的伤员：休克伤员的症状是皮肤苍白或发青、咬舌、口齿不清、发冷、皮肤潮湿或出汗、瞳孔放大、眼睛凹陷；恶心、颤抖、口渴，心脏、脉搏跳动加快。

现场抢救方法：

a. 把休克的伤员（头部、胸部、腹部或大腿处骨折者除外）双腿抬高离地面 0.2～0.3m，让其背部朝下躺着，再使用合适的物体把双腿垫起。这样，能使血液顺畅地流动，达到各器官维持生命所必需的程度。

b. 如果休克的伤员呼吸困难，应让其斜倚或侧卧，使其呼吸顺畅。

c. 如果伤员有一条腿受伤，可将另一条腿垫高，直至使其他器官获得维持生命所必需的血液。

d. 如果伤员出现呕吐现象，应让其侧卧，并给些饮料。

e. 如果出现呼吸、心跳停止者，应迅速采取心肺复苏法等进行抢救。

② 抢救骨折的伤员：骨折包扎应包括包扎骨折处的肌肉、肌腱、血管和韧带。有的骨折容易发现，有的骨折在皮肤和肌肉里面不容易发现，应通过观察伤员的肢体组织有无变形和伤员自我感觉来判断。处理骨折的主要方法是把骨折断面加以固定，并在较长时间内保持良好的固定状态。

简易的固定方法有：

a. 就地取材，如使用薄木板，笔直的棍棒等；

b. 护垫用布或毛巾，放于薄木板和伤口之间；

c. 两片薄木板之间用领带或布条系紧；

d. 不能用绷带正对伤口包扎。

③ 止血

a. 对一般流血伤口的控制。先把伤口处的衣服移开，用无菌或消过毒的纱布或者清洁干净、吸收性能好的材料放于受伤肢体部位，并系紧。如伤口在手上，应使用清洁干净、吸收性能好的材料止血。

b. 控制严重的出血。如果伤员伤口流血严重，应在伤口处进行直接挤压。这样能阻止动脉直接向伤口供血，如果血从下胳膊处的伤口流出，可直接挤压上胳膊处，即抓住伤员的胳膊上部，挤压内侧。如血从腿部的伤口流出，挤压点应在大腿根部。

5. 机械伤害中的伤员急救

造成机械伤害的主要原因，可分为违章操作、违章指挥和机械设备缺陷等几种。

发生机械伤害后，在医护人员没有到来之前，应检查受伤者的伤势、心跳及呼吸情况，视不同情况采取不同的急救措施。

（1）机械伤害的伤员，应迅速小心地使伤员脱离致伤源，必要时，可拆卸机器，移出受伤的肢体。

（2）发生休克的伤员，应首先进行抢救。遇有呼吸、心跳停止者，可采取人工呼吸或胸外心脏按压法，使其恢复正常。

（3）骨折的伤员，应利用木板、竹片和绳布等捆绑骨折处的上下关节，固定骨折部位；也可将其上肢固定在身侧，下肢与下肢缚在一起。

（4）对伤口出血的伤员，应让其以头低脚高的姿势躺卧，使用消毒纱布或清洁织物覆盖伤口，用绷带较紧地包扎，以压迫止血，或者选择弹性好的橡皮管、橡皮带或三角巾、毛巾、带状布巾等。对上肢出血者，捆绑在其上臂 1/2 处；对下肢出血者，捆绑在其大腿上 2/3 处，并每隔 25~40min 放松一次，每次放松 0.5~1min。

（5）对剧痛难忍者，应让其服用止痛剂和镇痛剂。

采取上述急救措施之后，要根据病情轻重，及时把伤员送往医院治疗。在转送医院的途中，应尽量减少颠簸，并密切注意伤员的呼吸、脉搏及伤口等情况。

6. 眼睛伤害救护

（1）眼中有异物时，千万不要自行用力揉眼睛，应通过药水、泪水、清水冲洗，仍不能把异物冲掉时，才能扒开眼睑，仔细小心清除眼里异物，如仍无法清除异物或伤势较重时，应立即到医院治疗。

（2）当化学物质进入眼内，立即用大量的清水冲洗，冲洗液可以是凉开水、自来水、河水或井水。此时分秒必争最重要。冲洗时要扒开眼睑，使水能直接冲洗眼睛，要反复冲洗，时间至少15min 以上。在无人协助的情况下，可用一盆水，双眼浸入水中，用手分开眼睑，做睁、闭眼、转动眼球动作，一般冲洗 30min。冲洗完毕后，立即到医院做必要的检查和治疗。

7. 触电事故应急常识

（1）随意碰触电线很危险，如果发生触电，在很短的时间内就会造成生命危险。

（2）发现有人触电时，不要直接用手拖拉触电者，应首先迅速拉电闸断电，现场无电闸时，使用木方等不导电的材料或用干衣服包严双手，将触电者拖离电源。

（3）根据触电者的状况现场进行人工急救（如心肺复苏），并迅速向工地负责人报告或报警。

8. 中暑的急救措施

夏季，在建筑工地上劳动最容易发生中暑，轻者全身疲乏无力、头晕、头痛、烦闷、口渴、恶心、心慌，重者可能突然晕倒或昏迷不醒。

（1）最早发现有人中暑者应立即大声呼救，及时向有关人员报告，并根据情况立即采取正确方法施救。

（2）对轻症中暑者应立即进行急救。让病人平躺，并放在阴凉通风处，松解衣扣腰带，慢慢地给患者喝一些凉开（茶）水、淡盐水或西瓜汁等，可以给病人服用十滴水、仁丹、藿香正气片（水）等消暑药品。重症者，要及时送往医院治疗。

9. 食物中毒的急救措施

在日常生活中要自觉注意防止食物中毒，不能食用变质、变味、发霉食物，不能随便乱吃不卫生的食品和喝不干净的饮料。

（1）最早发现有人中暑者应立即大声呼救，及时向有关人员报告，并根据情况立即采取正确方法施救。

（2）排除未吸收的毒物。对神志清醒者催吐，喝微温水300～500mL，用压舌等刺激咽后壁或舌根部以催吐，如此反复直到吐出物为清亮液体为止。

（3）由于施工工地人多，容易造成集体食物中毒，如发现有工人集体发烧、呕吐、咳嗽等不良症状，应立即采取正确的方法施救。同时迅速向有关部门报告或报警，迅速联系救护单位，及时将中毒人员送医院治疗。

10. 心肺复苏术

心肺复苏术是在建筑工地现场对呼吸、心跳停搏病人给予呼吸和循环支持所采取的急救，急救措施如下：

（1）畅通气道：托起患者的下颌，使病人的头向后仰，如口中有异物，应先将异物排除。

（2）口对口人工呼吸：握闭病人的鼻孔，深吸气后先连续快速向病人口内吹气4次，继之吹气频率以每分钟2～16次。如遇特殊情况（牙关紧闭或外伤），可采用口对鼻人工呼吸。

（3）胸外心脏按压：双手放在病人胸骨的下1/3段（剑突上两根指），有节奏地垂直向下按压胸骨干段，成人按压的深度为胸骨下陷4～5cm为宜。

（4）胸外心脏按压和口对口吹气需要交替进行。最好有两个人同时参加急救，其中一个人按压心脏，另一个人口对口吹气。

第二章　起重吊装基础知识

第一节　物体重心的判断

在生产施工中，构件的吊装、大型设备整体翻转以及各种物体的运输吊装，都遵循和运用物体重力与外力平衡的规律进行作业，否则由于吊点选择不当，起吊时物体就会失去平衡，造成发生翻倒或滑脱事故。因此，在起重作业中，确定被吊物体的重心位置是重要的基础环节。

一、重心位置确定

对于质量均匀分布的物体（均匀物体），重心的位置只与物体的形状有关。规则形状物体的重心就在其几何中心上。例如，均匀细直棒的重心在棒的中点，均匀球体的重心在球心，均匀圆柱体的重心在轴线的中点。不规则物体的重心，可以用悬挂法来确定。物体的重心不一定在物体上，如圆环形、月亮形等。

对于质量分布不均匀的物体，重心的位置除与物体的形状有关之外，还与物体内质量的分布有关。载重汽车的重心随着装货的多少和装载位置而变化，起重机的重心随着提升物体的质量和高度而变化。

通过重心的一条直线或切面把物体或图形分成两份，则两份的面积或体积不一定相等。不是所有通过重心的直线或切面都能平分物体或图形的面积或体积。例如过正三角形重心且平行一边的一条直线把三角形分成面积比为 4∶5 的两部分。关于这一点，可以用物理学的杠杆原理解释：分成的两块图形的重心分别到三角形重心的距离相当于杠杆的两个力臂，而两图形的面积相当于杠杆的两个力。因为重心相当于两个图形的面积"集中"成的一点。如以上的例子，分割成的两个图形重心分别到三角形重心的距离正好等于 5∶4。

二、其他图形重心

下面的几何体都是均匀的，线段指细棒，平面图形指薄板。

三角形的重心就是三边中线的交点。线段的重心就是线段的中点。

平行四边形的重心就是其两条对角线的交点，也是两对对边中点连线的交点。

圆的重心就是圆心，球的重心就是球心。

锥体的重心是顶点与底面重心连线的四等分点上最接近底面的一个。

四面体的重心同时也是每个定点与对面重心连线的交点，也是每条棱与对棱中点确定平面的交点。

三、寻找重心的方法

下面介绍几种寻找不规则形状或质量不均匀物体重心的方法。

1. 悬挂法

悬挂法只适用于薄板（不一定均匀），如图 2-1 所示。首先找一根细绳，在物体上找一点，用绳悬挂起来，画出物体静止后的重力线。同理，再找一点悬挂，两条重力线的交点就是物体的重心。

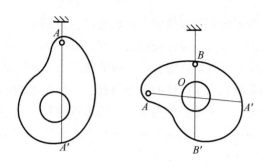

图 2-1 悬挂法

2. 支撑法

支撑法只适用于细棒（不一定均匀）。用一个支点支撑物体，不断变化位置，越稳定的位置，越接近重心。

一种可能的变通方式是用两个支点支撑，然后施加较小的力使两个支点靠近，因为离重心近的支点摩擦力会大，所以物体会随之移动，使另一个支点更接近重心，如此可以找到重心的近似位置。

3. 针顶法

针顶法同样只适用于薄板。用一根细针顶住板子的下面，当板子能够保持平衡时，针顶的位置就接近重心。

与支撑法同理，可用 3 根细针互相接近的方法，找到重心位置的范围，不过这就没有支撑法的变通方式那样方便了。

4. 用铅垂线找重心

对于任意图形、质地均匀的物体可以用铅垂线找重心的方法。用绳子找其一端点悬挂，再用铅垂线挂在此端点上（描下来）。然后用同样的方法作另一条线，两线交点即其重心。

四、以下几何形状物体重心的确定

长方形物体的重心位置在其对角线的交点上；圆柱形物体的重心在其中间横截面的圆心上；三角形物体的重心在其三条中心

线的交点上。部分物体重心实例如图 2-2 所示。

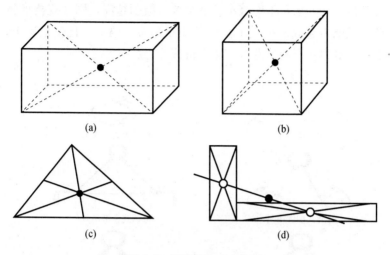

图 2-2 部分物体重心实例

(a) 长方体重心：在两条对角线交点处；

(b) 正方体重心：在两条对角线交点处；

(c) 三角形重心：在三条中心线的交点；

(d) 组合体重心：先算出各个分物体的重心，再算出组合体的重心

第二节 起重吊具的种类与选择

在起重作业中，工件的捆绑吊挂不正确会使工件变形损伤，甚至因吊索断裂或脱钩致重物坠落，造成人身及设备的重大事故。所以特种作业人员必须熟悉起重吊挂知识，在作业中密切协作才能安全、高效、优质地完成起重运输任务。

一、吊具的种类

1. 链式吊具

链式吊具是一种金属吊索具，由吊链、吊环和吊钩等附件组

成，常见的形式如图 2-3 所示。按承载能力分为 60 级吊具、80 级吊具、100 级吊具及 120 级吊具等。级别越高，同样规格的链条承载能力越高。链式吊具广泛用于冶金、码头、化工、矿山、钢铁、电力、石油、港口、建筑机械等行业。

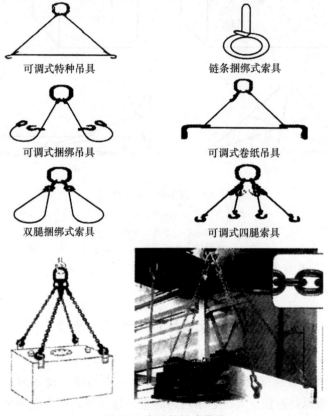

图 2-3　常见的链式吊具

（1）链式吊具的优点

①承载能力高；

②安全性好，破断延伸率≥20％；

③组合形式多样，通用性、互换性强；

④长短可调，易于存放；

⑤使用寿命长；

⑥使用温度范围大；

⑦易于检测，方便快捷。

（2）链式吊具的缺点

①价格较吊带、钢丝绳偏高；

②自重偏大。

2. 吊带

按材料来分吊带可分成多种，主要有合成纤维吊带，如图 2-4 所示。合成纤维吊带采用高强度聚酯（耐酸不耐碱）或聚丙烯（耐酸碱）、聚酰胺（耐碱不耐酸）工业强力长丝为原料，经工业织机编织或缠绕穿心而成。

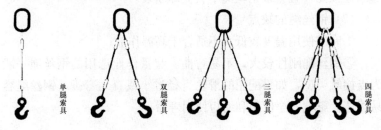

单腿索具　　双腿索具　　三腿索具　　四腿索具

图 2-4　吊带

（1）吊带的优点

①保护被吊物品，使其表面不被损坏；

②高强度、轻便，便于携带及进行吊装准备工作；

③柔软，便于操作；

④不腐蚀、不导电。

（2）吊带的缺点

①吊装中容易被尖角割伤；

②不适用于高温及高砂尘环境，使用温度≤100℃；

③耐磨性低；

④不能随时调整使用长度。

3. 钢丝绳

钢丝绳是由多根细钢丝捻成股，再由一定数量股捻绕成螺旋状的绳。在物料搬运中，钢丝绳供提升、牵引、拉紧和承载之用。常见的绳芯有麻芯和钢芯两种。

（1）钢丝绳的优点

①承载能力较强；

②强度高，能承受冲击荷载，挠性较好，使用灵活；

③自重较轻；

④价格便宜；

⑤钢丝绳磨损后，外表会产生许多毛刺，容易检查；破断前有断丝预兆，且整根钢丝绳不会立即断裂。

（2）钢丝绳的缺点

①麻芯使用温度较低，不适合于高温作业；

②钢丝绳刚性较大，不易弯曲。起重作业选用的钢丝绳一般为点接触类型，如果配用的滑轮直径过小或直角弯折，钢丝绳容易损坏，影响安全使用和缩短使用寿命。

二、正确选用起重吊具

1. 选择吊具的规格及类型

当选择吊具的规格时，必须把被起吊物体的负载、尺寸、质量、外形以及准备采用的吊装方法等因素列入考虑之中，给出极限工作力的要求，同时工作环境、负载的种类也必须加以考虑。选择既符合负荷能力，又能满足使用方式的恰当长度的吊索具。如果多个吊具被同时使用，必须选用同样类型吊具。无论附件或软吊耳是否需要，都必须慎重考虑吊具的末段和辅助附件与起重设备相匹配。

2. 遵循好的吊装经验

在开始吊装之前要做好吊装安全操作方案。

3. 吊装时必须正确选择吊具的连接方式

吊装时吊具必须安放在负载上，以便负载能够均衡地起作用。吊具始终不能打结或扭曲，吊索缝合部位不能放置在吊钩或起重设备上，并且总是放在吊索的直立部分，通过远离负载、吊钩和锁紧角度来防止其损伤。

4. 使用多重组合吊具的注意事项

多重组合吊具的极限工作力的评估取决于组合吊具承受负载的对称性，也就是当起吊时，吊具的分支按设计对称分布，具有同样垂直角度。例如使用三组合吊具时，假如分支不能按设计均匀地受力，最大的力在一个分支上，那将使受力极不均衡。同样的结果在四组合吊具中，如果不是刚性负载，结果也差不多。值得注意的是，对于刚性负载，大部分力或许被其中三支或甚至两支承担，剩余的那支仅仅保护负载的平衡。

5. 吊具的保护

吊装时，吊索须远离尖锐物体、避免摩擦和磨损。施工中应该保护吊索的恰当部分不受磨损和破坏，必要的额外加强保护是必需的。

6. 起重时注意负载平衡

在起重过程中，必须采用安全的方式使用吊索，不能让负载倾斜或从吊索中滑落；必须安排吊索在负载的重心和吊装点的直上方，让负载平衡、稳定。假如负载重心不在吊点之下，运动中的吊索可能越过起重点，导致危险。

7. 注意吊具采用的吊装方式

如果使用吊篮，可以保证负载安全，因为没有像锁吊那样的锁紧行为，并且吊索可以翻转穿过起重点，推荐两支吊索一起使用。吊索的肢体悬挂尽可能垂直，有利于确保负载在分支间平等分担。当扁平吊索锁吊时，应该允许安放自然角度（120°）的状态，从而避免由于角度过大吊索向中间滑移，正确的安全方式采用一个吊索的双倍锁吊，双倍锁吊可以保证安全和预防负载从吊索中滑落。

8. 确保人员安全

在吊装过程中，要密切注意，确保人员安全，必须警告在危险状态下的人员，假如需要，立即从危险地带撤出。手或身体的其他部位必须远离吊具，防止当吊具松弛时受到伤害。

9. 吊装过程中必须采用示范性方式起吊

必须采用示范性的吊装，吊索从松弛地拿起直到吊索拉紧，负载逐渐被提升到预定的位置，特别重要的是在吊篮或自由的拉紧时摩擦力承担负载。

10. 控制负载的旋转

如果负载趋向于倾斜，必须放下起重物，确保负载受到约束，防止负载意外旋转。

11. 避免吊具的碰撞、拖、拉、摩擦、振荡，防止吊具的损坏

在吊装时，必须注意确保负载受到约束，防止意外翻转或和其他物体碰撞。避免拖、拉或振荡负载。如果那样将增加索具的受力。假如索具在承受负载，或负载压在索具上时，不能在地面或粗糙的物体表面拖拉吊索具。

12. 负载的降落

当起吊时，负载应该在平衡状态的情况下降落。

13. 吊具的正确储藏

当吊具完成起重操作后，必须正确地储藏。假如不再使用，吊具必须储藏在干净、干燥、良好的通风条件下，并且安放在架子上，远离热源、可能侵蚀外表的气体、化学品、直射太阳光或其他强的紫外线照射。施工后必须检查吊索在使用过程中有无任何损伤，若有就不再储藏已经损坏的吊索。当起重时，吊索受到酸碱的污染，用水稀释或相应稀释剂去中和。稀释剂必须严格依据起重吊索的材料或参照供应商的推荐。吊索在使用中变湿，或

者由于清洁的原因，可以挂起来，自然晾干。

起重吊具常用钢丝绳、起重链、麻绳等绳索，不得超载使用。

第三节　物体的稳定、吊点的选择及吊装方法

在生产施工中构件的吊装、大型设备整体翻转以及各种物体的运输吊装，都遵循和运用物体重力与外力平衡的规律进行作业，否则由于吊点选择不当，起吊时物体会失去平衡，造成翻倒或滑脱事故。因此，在起重作业中，确定被吊物体的重心位置是重要的基础环节。

一、物体的稳定

对于起重作业来说，保证物体的稳定条件可从两个方面考虑：一是物体放置时应保证有可靠的稳定性，不倾倒；二是吊装运输过程中应有可靠的稳定性，保证正常吊运过程不倾斜或翻转。

放置物体时，物体的重心作用线接近或超过物体支承面边缘时（倾翻临界线）物体是不稳定的。物体的重心越低，支承面越大，物体所处的状态越稳定。

吊运物体时，为保证吊运过程中物体的稳定性，防止提升、运输中发生倾斜、摆动或翻转，应使吊钩吊点与被吊物重心在同一条铅垂线上。

二、物体吊点选择的原则

在吊装物体时，为避免物体的倾斜、翻转、转动，应根据物体的形状特点、重心位置，正确选择起吊点，使物体在吊运过程中有足够的稳定性，以免发生事故。

1. 试吊法选择吊点

在一般吊装工作中，多数起重作业并不需要用计算法去准确计算物体的重心位置，而是估计物件重心位置，采用低位试吊的方法来逐步找到重心，从而确定吊点的绑扎位置。

2. 有起吊耳环的物件

对于有起吊耳环的物件，应使用耳环作为连接物体的吊点。在吊装前应检查耳环是否完好，必要时可加保护性辅助吊索。

3. 长形物体吊点的选择

（1）用一个吊点时，吊点位置应在距离起吊端 0.3L（L 为物体长度）处，如图 2-5 所示。

（2）用两个吊点时，吊点距物体两端的距离为 0.2L 处，如图 2-6 所示。

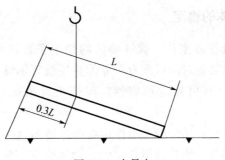

图 2-5 一个吊点

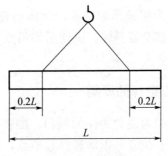

图 2-6 两个吊点

（3）用三个吊点时，其中两端的吊点距离两端的跨度为 0.13L，而中间吊点的位置应在物体中心，如图 2-7 所示。

（4）用四个吊点时，两端的两个吊点与两端的距离为 0.095L，中间两个吊点的跨度为 0.27L，如图 2-8 所示。

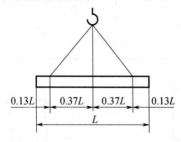

图 2-7 三个吊点

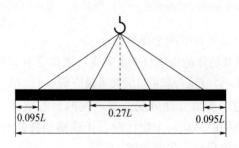

图 2-8 四个吊点

4. 方形物体吊点的选择

吊装方形物体一般采用四个吊点，四个吊点位置应选择在四边对称的位置上，吊钩吊点应与吊物重心在同一条铅垂线上，使吊物处于稳定平衡状态。

5. 机械设备安装平衡辅助吊点

在机械设备安装精度要求较高时，为保证安全顺利地装配，可采用确定主吊点后选择辅助吊点，配合简易吊具调节机件平衡的吊装法。通常多采用环链手拉葫芦调节机体的水平位置。

6. 两台起重机吊同一物体时吊点的选择

物体的质量超过一台起重机的额定起重量时，通常采用两台起重机使用平衡梁吊运物体的方法，如图 2-9 和图 2-10 所示。

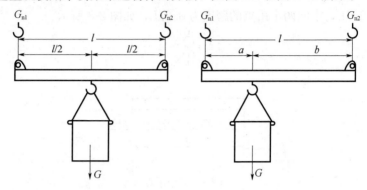

图 2-9　起重量相同时的吊点　　　图 2-10　起重量不同时的吊点

此方法应满足以下两个条件：

（1）被吊装物体的质量与平衡梁质量之和应小于两台起重机额定起重量之和，并且每台起重机的起重量应留有 1.2 倍的安全系数。

（2）利用平衡梁合理分配荷载，使两台起重机均不能超载。在两台起重机同时吊运一个物体时，正确地指挥两台起重机统一动作是安全完成吊装工作的关键。

三、正确吊挂

（1）吊具的承载能力不但与所用吊索（绳或链）的规格（截面大小）、吊索分支多少、起吊方法等因素有关，而且与分支吊索之间的夹角大小有关。夹角增大，吊索受到的拉力增大，为了起重吊挂安全，两吊索间的夹角不宜超过 120°（或者说，吊索与铅垂线的夹角不宜超过 60°）。

（2）不宜用单根钢丝绳来吊运重物，否则在吊物重力的作用下，这根钢丝绳或麻绳会扭转返松，甚至拉断，捆绑吊挂不得与吊物的棱角边直接接触，应该用衬垫保护。

（3）预防吊挂绳脱钩，可在吊钩上设置防脱钩装置。吊索挂在吊钩上采用钩扣的方法也可以防吊索脱钩，如图 2-11 所示。

（4）要保持吊物平衡，可调整吊索在吊物上的吊挂位置，或调整吊挂绳的长度，也可以用手动葫芦来调节，如图 2-12 所示。

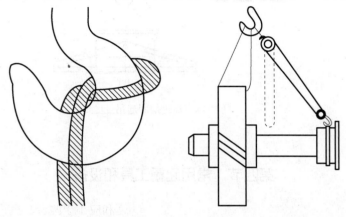

图 2-11　防吊索脱钩的方法　　　图 2-12　调整吊物平衡

（5）起重吊运大型精密设备和超长物件时，为防止吊物变形损坏，吊物既要保持平衡又不要被吊具擦伤，并且要防止变形，可采用平衡架及临时加固的方法，如图 2-13 和图 2-14 所示。

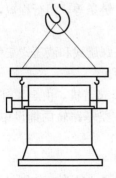

图 2-13　使用平衡架起吊

33

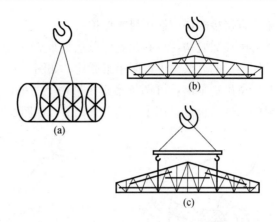

图 2-14　临时加固起吊

第四节　常用起重工具和设备

一、千斤顶

千斤顶是一种用较小的力将重物顶高、降低或移位的简单而方便的起重设备。千斤顶构造简单，使用轻便，便于携带，工作时无振动与冲击，能保证把重物准确地停在一定的高度上，升举重物时，不需要绳索、链条等，但行程短，加工精度要求较高。

1. 千斤顶的分类

千斤顶有齿条式、螺旋式和液压式三种基本类型。

（1）齿条式千斤顶。

齿条式千斤顶又叫起道机，由金属外壳、装在壳内的齿条、齿轮和手柄等组成。在路基路轨的铺设中常用到齿条式千斤顶，如图 2-15 所示。

（2）螺旋千斤顶。

螺旋千斤顶常用的是 LQ 型，如图 2-16 所示，它由棘轮组、小锥齿轮、升降套筒、锯齿形螺杆、铜螺母、大锥齿轮、推力轴承、主架、底座等组成。

（3）液压千斤顶。

常用的液压千斤顶为 YQ 型，如图 2-17 所示。

图 2-15　齿条式千斤顶

图 2-16　螺旋式千斤顶

图 2-17　液压千斤顶

2. 千斤顶使用注意事项

（1）千斤顶使用前应拆洗干净，并检查各部件是否灵活，有无损伤，液压千斤顶的阀门、活塞、皮碗是否良好，油液是否干净。

（2）使用时，应放在平整坚实的地面上，如地面松软，应铺设方木以扩大承压面积。设备或物件的被顶点应选择坚实的平面部并应清洁至无油污，以防打滑，还需加垫木板以免顶坏设备或物件。

（3）严格按照千斤顶的额定起重量使用千斤顶，每次顶升高度不得超过活塞上的标志。

（4）在顶升过程中，要随时注意千斤顶的平整直立，不得歪斜，严防倾倒，不得任意加长手柄或操作过猛。

（5）操作时，先将物件顶起一点后暂停，检查千斤顶、枕木垛、地面和物件等情况是否良好，如发现千斤顶和枕木垛不稳等情况，必须处理后才能继续工作。顶升过程中，应设保险垫，并要随顶随垫，其脱空距离应保持在 50mm 以内，以防千斤顶倾倒或突然回油而造成事故。

（6）用两台或两台以上千斤顶同时顶升一个物件时，要有统一指挥，动作一致，升降同步，保证物件平稳。

（7）千斤顶应存放在干燥、无尘土的地方，避免日晒雨淋。

二、卷扬机

卷扬机在建筑施工中使用广泛，它可以单独使用，也可以作为其他起重机械的卷扬机构。

1. 卷扬机构造和分类

卷扬机是由电动机、齿轮减速机、卷筒、制动器等构成。荷载的提升和下降均为一种速度，由电机的正反转控制。

卷扬机按卷筒数分：有单筒、双筒、多筒卷扬机；按速度分：有快速、慢速卷扬机。常用的有电动单筒和电动双筒卷扬机。图 2-18 所示为一种单筒电动卷扬机的结构示意图。

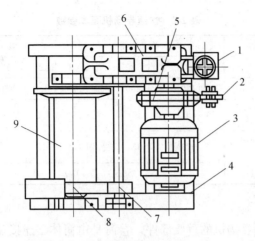

图 2-18　单筒电动卷扬机结构示意图

1—可逆控制器；2—电磁制动器；3—电动机；4—底盘；

5—联轴器；6—减速器；7—小齿轮；8—大齿轮；9—卷筒

2. 卷扬机的基本参数

常用卷扬机的基本参数主要包括钢丝绳额定拉力、卷筒容绳量、钢丝绳平均速度、钢丝绳直径和卷筒直径等。

（1）慢速卷扬机的基本参数，见表 2-1。

（2）快速卷扬机的基本参数，见表 2-2。

表 2-1　慢速卷扬机基本参数

基本参数	单筒卷扬机						
钢丝绳额定拉力（t）	3	0	8	12	20	32	50
卷筒容绳量（m）	150	150	400	600	700	800	800
钢丝绳平均速度（m/min）	9～12			8～11		7～10	
钢丝绳直径 d 不小于（mm）	15	20	26	31	40	52	65
卷筒直径 D	$D \geqslant 18d$						

表 2-2　快速卷扬机基本参数

基本参数	单　筒						双　筒			
钢丝绳额定拉力（t）	0.5	1	2	3	5	8	2	3	5	8
卷筒容绳量（m）	100	120	150	200	350	500	150	200	50	00
钢丝绳平均速度（m/min）	30～40		30～35		28～32		30～35		28～32	
钢丝绳直径 d 不小于（mm）	7.7	9.3	13	155	20	26	13	15	20	26
卷筒直径 D	$D>18d$									

3. 卷筒

卷筒是卷扬机的重要部件，卷筒是由筒体、连接盘、轴以及轴承支架等构成的。

（1）钢丝绳在卷筒上的固定

钢丝绳在卷筒上的固定通常使用压板螺钉或楔块，固定的方法一般有楔块固定法、长板条固定法和压板固定法，如图 2-19 所示。

楔块固定法，如图 2-19（a）所示。此法常用于直径较小的钢丝绳，不需要用螺栓，适于多层缠绕卷筒。

长板条固定法，如图 2-19（b）所示。通过螺钉的压紧力，将带槽的长板条沿钢丝绳的轴向将绳端固定在卷筒上。

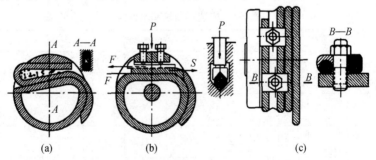

图 2-19　钢丝绳在卷筒上的固定

（a）楔块固定；（b）长板条固定；（c）压板固定

压板固定法，如图 2-19（c）所示。利用压板和螺钉固定钢丝绳，压板数至少为 2 个。此固定方法简单，安全可靠，便于观察和检查，是最常见的固定形式。其缺点是所占空间较大，不宜用于多层卷绕。

（2）卷筒的报废

卷筒出现下述情况之一的，应予以报废：

① 裂纹或凸缘破损。

② 卷筒壁磨损量达原壁厚的 10％。

4. 卷扬机的固定

卷扬机必须用地锚予以固定，以防工作时产生滑动或倾覆。提据受力大小，固定卷扬机的方法大致有螺栓锚固法、水平锚固法、立桩锚固法和压重锚固法四种，如图 2-20 所示。

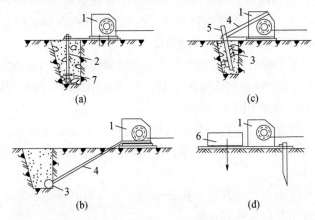

图 2-20　卷扬机的锚固方法

（a）导向螺栓锚固法；（b）水平锚固法；（c）立桩锚固法；（d）压重锚固法
1—卷扬机；2—地脚螺检；3—横木；4—拉索；5—木桩；6—压重；7—压板

5. 卷扬机的布置

卷扬机的布置（即安装位置）应注意下列几点：

（1）卷扬机安装位置周围必须排水畅通并应搭设工作棚。

（2）卷扬机的安装位置应能使操作人员看清指挥人员和起吊或拖动的物件，操作者视线仰角应小于45°。

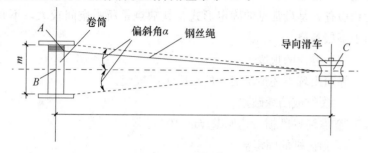

图2-21　卷扬机的布置

（3）在卷扬机正前方应设置导向滑车，如图2-21所示，滑车至卷筒轴线的距离，带槽卷筒应不小于卷筒宽度的15倍，即倾斜角口不大于2°，无槽卷筒应大于卷筒宽度的20倍，以免钢丝绳与导向滑车槽缘产生过度的磨损。

（4）钢丝绳绕入卷筒的方向应与卷筒轴线垂直，其垂直度允许偏差为6°，这样能使钢丝绳圈排列整齐．不致斜绕和互相错叠挤压。

6. 卷扬机使用注意事项

（1）作用前，应检查卷扬机与地面的固定安全装置、防护设施、电气线路、接零或接地线、制动装置和钢丝绳等，全部合格后方可使用。

（2）使用皮带或开式齿轮传动的部分，均应设防护罩，导向滑轮不得用开口拉板式滑轮。

（3）正反转卷扬机卷筒旋转方向应在操纵开关上有明确标识。

（4）卷扬机必须有良好的接地或接零装置，接地电阻不得大于10Ω；在一个供电网路上，接地或接零不得混用。

（5）卷扬机使用前要先做空载正、反转试验，检查运转是否平稳，有无不正常响声；传动、制动机构是否灵敏可靠；各紧固件及连接部位有无松动现象；润滑是否良好，有无漏油现象。

（6）钢丝绳的选用应符合原厂说明书规定。卷筒上的钢丝绳全部放出时应留有不少于3圈；钢丝绳的末端应固定牢靠；卷筒边缘外周至最外层钢丝绳的距离应不小于钢丝绳直径的2倍。

（7）钢丝绳应与卷筒及吊笼连接牢固，不得与机架或地面摩擦，通过道路时，应设过路保护装置。

（8）卷筒上的钢丝绳应排列整齐，当重叠或斜绕时，应停机重新排列，严禁在转动中用手拉脚踩钢丝绳。

（9）作业中，任何人不得跨越正在作业的卷扬钢丝绳。物件提升后，操作人员不得离开卷扬机，物件或吊笼下面严禁人员停留或通过。休息时应将物件或吊笼降至地面。

（10）作业中如发现异响、制动不灵、制动装置或轴承等温度剧烈上升等异常情况时，应立即停机检查，排除故障后方可使用。

三、汽车起重机

汽车起重机是装在普通汽车底盘或特制汽车底盘上的一种起重机，如图2-22所示，其行驶驾驶室与起重操纵室分开设置。这种起重机的优点是机动性好，转移迅速。缺点是工作时需支腿，不能负荷行驶，也不适合在松软或泥泞的场地上工作。

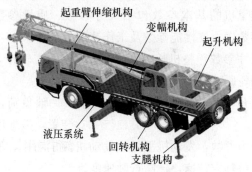

图2-22　汽车起重机结构图

1. 汽车起重机分类

（1）按额定起重量分，一般额定起重量 15t 以下的为小吨位汽车起重机；额定起重量 16～25t 的为中吨位汽车起重机，额定起重量 26t 以上的为大吨位汽车起重机。

（2）按吊臂结构分为定长臂汽车起重机、接长臂汽车起重机和伸缩臂汽车起重机三种。

定长臂汽车起重机多为小型机械传动起重机，采用汽车通用底盘，全部动力由汽车发动机供给。

接长臂汽车起重机的吊臂由若干节臂组成，分基本臂、顶臂和插入臂，可以根据需要在停机时改变吊臂长度。由于桁架臂受力好，迎风面积小，自重轻，是大吨位汽车起重机的主要结构形式。

伸缩臂液压汽车起重机，其结构特点是吊臂由多节箱形断面的臂互相套叠而成，利用装在臂内的液压缸可以同时或逐节伸出或缩回。全部缩回时，可以有最大起重量；全部伸出时，可以有最大起升高度或工作半径。

（3）按动力传动分为机械传动、液压传动和电力传动 3 种。施工现场常用的是液压传动汽车起重机。

2. 汽车起重机基本参数

汽车起重机的基本参数包括尺寸参数、质量参数、动力参数、行驶参数、主要性能参数及工作速度参数等。

（1）尺寸参数：整机长、宽、高，第一、二轴距，第三、四轴距，一轴轮距，二、三轴轮距。

（2）质量参数：行驶状态整机质量，一轴负荷，二、三轴负荷。

（3）动力参数：发动机型号，发动机额定功率，发动机额定扭矩，发动机额定转速，最高行驶速度。

（4）行驶参数：最小转弯半径，接近角，离去角，制动距离，最大爬坡能力。

（5）性能参数：最大额定起重量，最大额定起重力矩，最大起重力矩，基本臂长，最长主臂长度，副臂长度，支腿跨距，基本臂最大起升高度，基本臂全伸最大起升高度，（主臂＋副臂）最大起升高度。

（6）速度参数：起重臂变幅时间（起、落），起重臂伸缩时间，支腿伸缩时间，主起升速度，副起升速度，回转速度。

3. 汽车起重机安全使用

汽车起重机作业应注意以下事项：

（1）启动前，检查各安全保护装置和指示仪表是否齐全、有效，燃油、润滑油、液压油及冷却水是否添加充足，钢丝绳及连接部位是否符合规定，液压、轮胎气压是否正常，各连接件有无松动。

（2）起重作业前，检查工作地点的地面条件。地面必须具备能将起重机呈水平状态，并能充分承受作用于支腿的压力条件；注意地基是否松软，如较松软，必须给支腿垫好能承载的枕木或钢板；并将起重机调整成水平状态；当需最长臂工作时，风力不得大于5级；起重机吊钩重心在起重作业时不得超过回转中心与前支腿（左右）接地中心线的连线；在起重量指示装置有故障时，应按起重性能表确定起重量，吊具质量应计入总起重量。

（3）吊重作业时，起重臂下严禁站人，禁止吊起埋在地下的重物或斜拉重物，以免承受侧载；禁止使用不合格的钢丝绳和起重链；根据起重作业曲线，确定工作半径和额定起重量，调整臂杆长度和角度；起吊重物中不准落臂，必须落臂时应先将重物放至地面，小油门落臂、大油门抬臂后，重新起吊；回转动作要平稳，不准突然停转，当吊重接近额定起重量时，不得在吊物离地面 0.5m 以上的空中回转；在起吊重载时，应尽量避免吊重变幅，起重臂仰角很大时不准将吊物骤然放下，以防后倾。

（4）不准吊重行驶。

四、履带式起重机

履带起重机操纵灵活，本身能回转 360°，在平坦坚实的地面上能负荷行驶。由于履带的作用，接触地面面积大，通过性好，可在松软、泥泞的场地作业，可进行挖土、夯土、打桩等多种作业，适用于建筑工地的吊装作业。但履带起重机稳定性较差，行驶速度慢且履带易损坏路面，转移时多用平板拖车装运。

1. 履带起重机结构组成

履带起重机由动力装置、工作机构以及动臂、转台、底盘等组成，如图 2-23 所示。

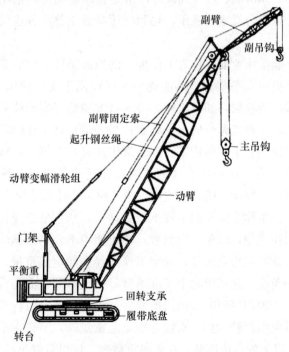

图 2-23　履带起重机结构图

（1）动臂

动臂为多节组装桁架结构，调整节数后可改变长度，其下端铰装于转台前部，顶端用变幅钢丝绳滑轮组悬挂支承，可改变其倾角。也有在动臂顶端加装副臂的，副臂与动臂呈一定夹角。起升机构有主、副两个卷扬系统，主卷扬系统用于动臂吊重，副卷扬系统用于副臂吊重。

（2）转台

转台通过回转支承装在底盘上，可将转台上的全部质量传递给底盘，其上部装有动力装置、传动系统、卷扬机、操纵机构、平衡重和操作室等。动力装置通过回转机构可使转台作360°回转。回转支承由上、下滚盘和其间的滚动件（滚球、滚柱）组成，可将转台上的全部质量传递给底盘，并保证转台的自由转动。

（3）底盘

底盘包括行走机构和动力装置。行走机构由履带架、驱动轮、导向轮、支重轮、拖链轮和履带轮等组成。动力装置通过垂直轴、水平轴和链条传动使驱动轮旋转，从而带动导向轮和支重轮，实现整机沿履带行走。

2. 履带起重机安全使用

履带起重机应在平坦坚实的地面上作业、行走和停放。在正常作业时，坡度不得大于3°，并应与沟渠、基坑保持安全距离。

（1）作业时，起重臂的最大仰角不得超过出厂规定。当无资料可查时，不得超过78°；变幅应缓慢平稳，严禁在起重臂未停稳前变换挡位；起重机荷载达到额定起重量的90%及以上时，严禁下降起重臂；在起吊荷载达到额定起重量的90%及以上时，升降动作应慢速进行，并严禁同时进行两种以上动作。

（2）起吊重物时应先稍离地面试吊，当确认重物已挂牢，起重机的稳定性和制动器的可靠性均良好时，再继续起吊。在重物起升过程中，操作人员应把脚放在制动踏板上，密切注意起升重物，防止吊钩冒顶。当起重机停止运转而重物仍悬在空中时，即使制动踏板被固定，仍应用脚踩在制动踏板上。

（3）采用双机抬吊作业时，应选用起重性能相似的起重机进行。抬吊时应统一指挥，动作应配合协调；荷载应分配合理，起吊质量不得超过两台起重机在该工况下允许起重量总和的 75％，单机荷载不得超过允许起重量的 80％；在吊装过程中，起重机的吊钩滑轮组应保持垂直状态。

（4）多机抬吊多于三台时，应采用平衡轮、平衡梁等调节措施来调整各起重机的受力分配，单机的起吊荷载不得超过允许荷载的 75％。多台起重机共同作业时，应统一指挥，动作应配合协调。

（5）起重机如需带载行走时，荷载不得超过允许起重量的 70％，行走道路应坚实平整，重物应在起重机正前方向，重物离地面不得大于 500mm，并应拴好拉绳，缓慢行驶。严禁长距离带载行驶。

（6）起重机行走时，转弯不应过急；当转弯半径过小时，应分次转弯；当路面凹凸不平时，不得转弯。

（7）起重机上下坡道时应无载行走，上坡时应将起重臂仰角适当放小，下坡时应将起重臂仰角适当放大。严禁下坡空挡滑行。

（8）作业后，起重臂应转至顺风方向并降至 40°～60°之间，吊钩应提升到接近顶端的位置，应关停内燃机，将各操纵杆放在空挡位置，各制动器加保险固定，操纵室应关门加锁。

五、塔式起重机

塔式起重机简称塔机，亦称塔吊，起源于西欧，主要用于房屋建筑施工中物料的垂直和水平输送及建筑构件的安装。其由金属结构、工作机构和电气系统三部分组成。金属结构包括塔身、动臂和底座等。工作机构有起升、变幅、回转和行走四部分。电气系统包括电动机、控制器、配电柜、连接线路、信号及照明装置等。

塔式起重机的动臂形式分水平式和压杆式两种。动臂为水平式时，载重小车沿水平动臂运行变幅，变幅运动平衡，其动臂较长，但动臂自重较大。动臂为压杆式时，变幅机构曳引动臂仰俯变幅，变幅运动不如水平式平稳，但其自重较小。塔式起重机的起重量随幅度而变化。起重量与幅度的乘积称为荷载力矩，是这种起重机的主要技术参数。通过回转机构和回转支承，塔式起重机的起升高度大，回转和行走的惯性质量大，故需要有良好的调速性能，特别起升机构要求能轻载快速、重载慢速、安装就位微动。一般除采用电阻调速外，还常采用涡流制动器、调频、变极、可控硅和机电联合等方式调速。

1. 安全操作

塔式起重机管理的关键还是对司机的管理。操作人员必须身体健康，了解机械构造和工作原理，熟悉机械原理、保养规则，持证上岗。司机必须按规定对起重机做好保养工作，有高度的责任心，认真做好清洁、润滑、紧固、调整、防腐等工作，不得酒后作业，不得带病或疲劳作业，严格按照塔吊机械操作规程和塔吊"十不准、十不吊"进行操作，不得违章作业、野蛮操作，有权拒绝违章指挥，夜间作业要有足够的照明。塔机平时的安全使用关键在操作工的技术水平和责任心，检查维修关键在机械和电气维修工。我们要牢固树立以人为本的思想。

2. 塔式起重机的结构组成（图 2-24）

塔式起重机是由工作机构、金属结构和动力装置与控制系统三部分组成。这三部分的组成及其作用概述如下。

（1）塔式起重机的工作机构

塔式起重机的工作机构通常是由起升机构、变幅机构、回转机构、液压顶升机构、行走机构组成。起升机构实现重物的垂直上、

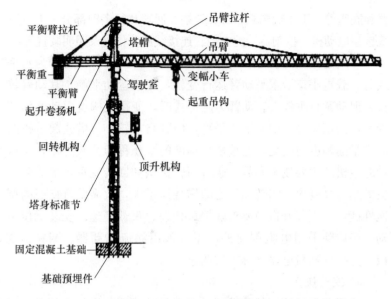

平衡臂拉杆

吊臂拉杆

塔帽

吊臂

平衡重

驾驶室

变幅小车

平衡臂

起升卷扬机

起重吊钩

回转机构

顶升机构

塔身标准节

固定混凝土基础

基础预埋件

图 2-24 塔式起重机结构图

下运动；变幅机构和回转机构实现重物在两个水平方向的移动；液压顶升机构实现标准节的增加或减少，从而升高或者降低塔身；行走机构实现重物在塔式起重机力所能及的范围内任意空间运动。

（2）塔式起重机的金属结构

塔式起重机的金属结构主要是由底架、塔身、套架、上下支座、吊臂、平衡臂、塔顶等主要构件组成。金属结构是塔式起重机的骨架，它承受起重机的自重以及作业时的各种外荷载。

（3）动力装置和控制系统

动力装置是起重机的动力源，塔式起重机的动力源是使用外接电源的电动机。

控制系统包括操纵装置和安全装置。塔式起重机的操纵装置是由联动控制台、配电箱、电阻器箱等组成，安全装置主要是由高度限位器、幅度限位器、起重量限位器、力矩限制器、回转限位器等组成。通过控制系统可改变起重机的运动特性，以实现各机构的启动、调速、改向、制动和停止，从而达到起重机作业所要求的各种动作。

第五节　起重吊运指挥信号

起重指挥信号包括手势信号、音响信号和旗语信号，此外还包括与起重机司机联系的对讲机等现代电子通信设备的语音信号。国家标准《起重吊运指挥信号》GB5082—85中对起重指挥信号作了统一规定。

一、手势信号

手势信号是用手势与驾驶员联系的信号，是起重吊运的指挥语言，包括通用手势信号和专用手势信号。

通用手势信号，指各种类型的起重机在起重吊运中普遍适用的指挥手势。通用手势信号包括预备、要主钩、吊钩上升等，请参阅《起重吊运指挥信号》GB 5082—1985。

1."预备"（注意）

手臂伸直，置于头上方，五指自然伸开，手心朝前保持不动（图2-25）。

2."要主钩"

单手自然握拳，置于头上，轻触头顶（图2-26）

图2-25　　　　　　图2-26

3. "要副钩"

一只手握拳，小臂向上不动，另一只手伸出，手心轻触前只手的肘关节（图 2-27）

4. "吊钩上升"

小臂向侧上方伸直、五指自然伸开，高于肩部，以腕部为轴转动（图 2-28）

图 2-27　　　　　图 2-28

5. "吊钩下降"

手臂伸向侧前下方，与身体夹角约为 30°，五指自然伸开，以腕部为轴转动（图 2-29）。

图 2-29

6. "吊钩水平移动"

小臂向侧上方伸直，五指并拢手心朝外，朝负载应运行的方向，向下挥动到与肩相平的位置（图 2-30）。

7. "吊钩微微上升"

小臂伸向侧前上方，手心朝上高于肩部，以腕部为轴，重复

图 2-30

向上摆动手掌（图 2-31）。

8."吊钩微微下落"

手臂伸向侧前下方，与身体夹角约为 30°，手心朝下，以腕部为轴，重复向下摆动手掌（图 2-32）。

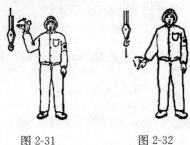

图 2-31　　　　　　图 2-32

9."吊钩水平微微移动"

小臂向侧上方自然伸出，五指并拢手心朝外，朝负载应运行的方向，重复做缓慢的水平运动（图 2-33）。

图 2-33

51

10．"微动范围"

双小臂曲起，伸向一侧，五指伸直，手心相对，其间距与负载所要移动的距离接近（图2-34）。

11．"指示降落方位"

五指伸直，指出负载应降落的位置（图2-35）。

图2-34　　　　图2-35

12．"停止"

小臂水平置于胸前，五指伸开，手心朝下，水平挥向一侧（图2-36）。

13．"紧急停止"

两小臂水平置于胸前，五指伸开，手心朝下，同时水平挥向两侧（图2-37）。

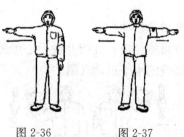

图2-36　　　　图2-37

14．"工作结束"

双手五指伸开，在额前交叉（图2-38）。

图 2-38

二、旗语信号

一般在高层建筑、大型吊装等指挥距离较远的情况下，为了增大起重机司机对指挥信号的视觉范围，可采用旗帜指挥。旗语信号是吊运指挥信号的另一种表达形式。根据旗语信号的应用范围和工作特点，这部分共有预备、要主钩、要副钩等 23 种信号。

三、音响信号

音响信号是一种辅助信号。在一般情况下音响信号不单独作为吊运指挥信号使用，而只是配合手势信号或旗语信号应用。音响信号由 5 个简单的长短不同的音响组成。一般指挥人员都习惯使用哨笛音响。这五个简单的音响可与含义相似的指挥手势或旗语多次配合，达到指挥目的。使用响亮悦耳的音响是为了人们在不易看清手势或旗语信号时，作为信号弥补，以达到准确无误。

四、起重吊运指挥语言

起重吊运指挥语言是把手势信号或旗语信号转变成语言，并用无线电、对讲机等通信设备进行指挥的一种指挥方法。指挥语言主要应用在超高层建筑、大型工程或大型多机吊运的指挥和工作联络方面。它主要用于指挥人员对起重机司机发出具体工作命令。

五、起重机驾驶员使用的音响信号

起重机使用的音响信号有三种：

（1）一短声表示"明白"的音响信号，是对指挥人员发出指挥信号的回答。在回答"停止"信号时也采用这种音响信号。

（2）二短声表示"重复"的音响信号，是用于起重机司机不能正确执行指挥人员发出的指挥信号时，而发出的询问信号，对于这种情况，起重机司机应先停车，再发出询问信号，以保障安全。

（3）长声是表示"预备"和"停止"的音响信号，同时也是表示"注意"的音响信号，这是一种危急信号，下列情况下起重机司机应发出长声音响信号，以警告有关人员：

① 当起重机司机发现他不能完全控制他操纵的设备时。

② 当司机预感到起重机在运行过程中会发生事故时。

③ 当司机知道有与其他设备或障碍物相碰撞的可能时。

④ 当司机预感到所吊运的负载对地面人员的安全有威胁时。

（4）急促的常声表示"紧急停止"，对于这种情况，起重机司机应先停车，以保障安全。

第三章　施工升降机的分类及型号

施工升降机是用吊笼载人、载物沿导轨做垂直运输的施工机械。它主要应用于高层和超高层建筑施工，也用于仓库、码头、高塔等固定设施的垂直运输。

施工升降机是在 20 世纪 70 年代开始应用于建筑施工中。在 20 世纪 70 年代中期研制了 76 型施工升降机，该机采用单驱动机构、五挡涡流调速、圆柱蜗轮减速器、柱销式联轴器和楔块捕捉式限速器，额定提升速度为 36.4m/min，最大额定荷载 1000kg，最大提升高度为 100m，基本上满足了当时高层建筑施工的需要。20 世纪 80 年代，随着我国建筑业的迅速发展，高层建筑的不断增加，对施工升降机提出了更高的要求，在引进消化进口施工升降机的基础上，研制了 SCD200/200 型的施工升降机。该机采用了双驱动形式，专用电机、平面二次包络蜗轮减速器和锥形摩擦式双向限速器，最大额定荷载 2000kg，最大提升高度为 150m，该机具有较高的传动效率和先进的防坠安全器，同时也增大了额定载重量和提升高度，达到了国外同类产品的技术性能，基本满足了建筑施工需要，已逐步成为国内使用最多的施工升降机基本机型。进入 20 世纪 90 年代，由于超高层建筑的不断出现，普通施工升降机的运行速度已满足不了施工要求，更高速度的施工升降机也就应运而生，于是液压施工升降机和变频调速施工升降机先后诞生了。其最大提升速度达到了 90m/min 以上、最大提升高度均达到了 400m。但液压施工升降机综合性能低于变频调速施工升降机，所以应用甚少。同期，为了适应特殊建筑物的施工要求，还出现了倾斜式和曲线式施工升降机。

第一节　施工升降机的分类

广义来说，凡是载人或载物的轿厢、吊笼沿导轨架或导轨做上下运行、实现重物的垂直输送或人员上下的机械均称为施工升降机。

施工升降机按其传动形式可分为齿轮齿条式驱动、钢丝绳卷扬机式驱动和混合式驱动几种。

一、齿轮齿条式（人货两用）施工升降机

用来载人载物的吊笼上安装有沿导轨架立柱运行的导向滚轮和驱动吊笼上下运行的驱动系统。驱动系统的驱动圆柱齿轮与固定在导轨架上的齿条相啮合。由于齿条固定不动，因此驱动齿轮将与吊笼一起沿导向柱上下运动，从而实现笼内重物和人员的上升或下降。每个吊笼上均装有渐进式防坠安全器，如图 3-1 所示。

按驱动传动方式的不同，齿轮齿条式施工升降机可分为普通（双驱动或三驱动）形式、变频调速驱动形式、液压传动驱动形式。按导轨架结构形式的不同可分为直立式、倾斜式、曲线式施工升降机。

1. 普通（双驱动或三驱动）施工升降机

普通（双驱动或三驱动）施工升降机是采用专用双驱动或三驱动电机作动力，其起升速度一般约 36m/min。采用双驱动的施工升降机通常带有对重。其导轨架由标准节通过高强度螺栓连接组装而成的直立结构形式，在建筑施工中广泛使用。

2. 液压施工升降机

液压施工升降机由于采用了液压传动驱动并实现无级调速，

图 3-1　齿轮齿条式施工升降机

启动、制动平稳和运行高速。驱动机构通过电机带动柱塞泵产生高压油液，再由高压油液驱使油马达运转，并通过减速器及主动小齿轮实现吊笼的上下运行。但由于噪声大、成本高，目前几乎不使用。

　　3. 变频调速施工升降机

　　变频调速施工升降机由于采用了变频调速技术，具有手控有级变速和无级变速，其调速性能更优于液压施工升降机，启动、制动更平稳，噪声更小。其工作原理是电源通过变频调速器，改变进入电动机的电源频率，以实现电动机变速。

　　由于变频调速施工升降机具有良好的调速性能、较大的提升高度，故在高层、超高层建筑中得到广泛应用。

　　4. 倾斜式和直立式施工升降机

　　倾斜式施工升降机是根据特殊形状的建筑物的施工需要而产

生的，其吊笼在运行过程中应始终保持垂直状态，导轨架按建筑物需要倾斜安装，吊笼两受力立柱与吊笼框制作成倾斜形式，其倾斜度与导轨架一致。由于吊笼的两立柱、导轨架、齿条与吊笼都有一个倾斜度，故驱动装置布置形式呈阶梯状，如图 3-2 所示。导轨架轴线与垂直线夹角一般不大于 11°。

图 3-2　倾斜式施工升降机

倾斜式施工升降机与直立式施工升降机在设计与制造上主要区别是导轨架的倾斜度由底座的形式和附墙架的长短来决定。附墙架设有长度调节装置，以便在安装中调节附墙架的长短，保证导轨架的倾斜度和直线度。

5. 曲线式施工升降机

曲线式施工升降机无对重，导轨架采用矩形截面或片状方式，通过附墙架或直接与建筑物内外壁面进行直线、斜线和曲线架设。该机型主要应用于以电厂冷却塔为代表的曲线外形的建筑物施工中，如图 3-3 所示。

图 3-3 曲线式施工升降机

二、钢丝绳式施工升降机

钢丝绳式施工升降机是采用钢丝绳提升的施工升降机，可分为人货两用施工升降机和货用施工升降机两种类型。

1. 人货两用施工升降机

人货两用施工升降机是用于运载人员和货物的施工升降机。它是由提升钢丝绳通过导轨架顶上的导向滑轮，用设置在地面上的曳引机（卷扬机）使吊笼沿导轨架做上下运动的一种施工升降机，如图 3-4 所示。

该机型每个吊笼设有防坠、限速双重功能的防坠安全装置，当吊笼超速下行或其悬挂装置断裂时，该装置能将吊笼制停并保持静止状态。

图 3-4　钢丝绳式人货两用施工升降机　　　图 3-5　货用施工升降机

2. 货用施工升降机

货用施工升降机是只用于运载货物，禁止运载人员的施工升降机，如图 3-5 所示。提升钢丝绳通过导轨架顶上的导向滑轮，用设置在地面上的卷扬机（曳引机）使吊笼沿导轨架做上下运动的一种施工升降机。该机设有断绳保护装置，当吊笼提升钢丝绳松绳或断裂时，该装置能制停带有额定载重量的吊笼且不造成结构严重损害。

三、混合式施工升降机

该机型为一个吊笼采用齿轮齿条传动，另一个吊笼采用钢丝绳提升的施工升降机。目前建筑施工中很少使用。

近些年来，随着建筑物高度的增加、建筑物造型方面的多样化，对施工升降机的要求也越来越高。在未来，变频、高速、节能、大起重量、智能化将成为新型施工升降机发展的主要方向。

第二节　施工升降机的型号编制方法

一、施工升降机的型号

施工升降机主要按动力传递形式进行分类：

齿轮齿条式——SC 系列；

钢丝绳式——SS 系列；

混合式——SH 系列（齿轮齿条式和钢丝绳式的组合）。

施工升降机的型号编制方法如下：

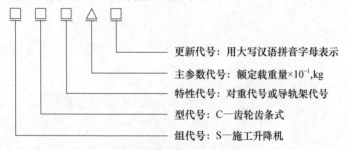

主参数代号：为吊笼的额定载重量/10（kg）。单吊笼施工升降机只标注一个数值，双吊笼施工升降机标注两个数值，用符号"/"分隔。

特征代号：表示施工升降机两个主要特性的符号。

（1）对重代号：有对重标注 D，无对重时省略；

（2）导轨架代号：倾斜或曲线式导轨架标注 Q，导轨架为两柱时标注为 E。

二、标记示例

型号示例：

例 1：SS100 表示单笼、钢丝绳驱动，吊笼额定载重量为

1000kg 的施工升降机。

例2：SCD200/200 表示双笼、齿轮齿条驱动，带对重装置，每个吊笼额定载重量为 2000kg 的施工升降机。

例3：SC200/200 表示双笼、齿轮齿条驱动，不带对重装置，每个吊笼额定载重量为 2000kg 的普通施工升降机。

例4：SC200/200BZ 表示双笼、齿轮齿条驱动，不带对重装置，每个吊笼额定载重量为 2000kg 的中速变频施工升降机。

第四章　施工升降机的技术参数

第一节　施工升降机的基本技术参数

一、基本技术参数

施工升降机的技术性能参数主要有：

1. 额定载重量

工作工况下吊笼允许的最大荷载（kg）。

2. 额定安装载重量

安装工况下吊笼允许的最大荷载（kg）。

额定安装载重量区别于额定载重量，是指施工升降机在安装工况下允许的最大荷载，比额定载重量要小。因为在安装工况下，施工升降机的结构不完整，其受力性能较弱，因此要严格控制此期间吊笼所承受的荷载。

3. 额定乘员数

包括司机在内的吊笼限乘人数（人）。

4. 额定提升速度

吊笼装载额定载重量，在额定功率下稳定上升的设计速度（m/min）。

5. 最大提升高度

吊笼运行至最高上限位位置时，吊笼底板与底架平面间的垂直距离（m）。

6. 最大行程

吊笼允许的最大运行距离（m）。

7. 最大独立高度

导轨架在无侧面附着时，能保证施工升降机正常作业的最大架设高度（m）。

8. 标准节尺寸：组成导轨架的可以互换的构件的尺寸大小（长×宽×高）。

9. 对重质量：带对重的施工升降机的对重质量。

10. 工作循环

吊笼按电动机接电持续率，从下限位上升至上限位，制动暂停，而后反向下行至下限位这个过程称为一个工作循环。

二、常用施工升降机及主要技术参数

1. 普通 SC200/200 型施工升降机性能参数如表 4-1 所示。

表 4-1　普通 SC200/200 型施工升降机的性能参数

序号	项　目	单　位	参　数	备　注
1	额定载重量	kg	2×2000 或 24 人	
2	额定安装载重量	kg	2×1000	
3	额定速度	m/min	36	减速器速比 1∶16
4	最大提升高度	m	450	
5	吊笼空间（长×宽×高）	m×m×m	3.2×1.5×2.5	
6	电源电压	V	380±19　50Hz	
7	电机功率	kW	2×3×11	JC=25%
8	额定工作电流	A	2×3×24	
9	启动工作总电流	A	2×270	
10	电源容量	kV·A	2×49	
11	标准节质量	kg	145	650mm×650mm ×1508mm
12	吊笼自重（含驱动系统）	kg	2×2000	
13	安全器型号		SAJ40-1.2	

2. 三传动低速变频 SC200/200BD 型性能参数如表 4-2 所示。

表 4-2 三传动低速变频 SC200/200BD 型性能参数

序号	项 目	单位	参 数	备注
1	额定载重量	kg	2×2000 或 24 人	
2	额定安装载重量	kg	2×1000	
3	额定速度	m/min	0～40	减速器速比 1：16
4	最大提升高度	m	500	
5	吊笼空间（长×宽×高）	m×m×m	3.2×1.5×2.5	
6	电源电压	V	380±19 50Hz	
7	电机功率	kW	2×3×11	JC＝25％
8	额定工作电流	A	2×3×24	
9	电源容量	kV·A	2×49	
10	标准节质量	kg	145	650×650 ×1508（mm）
11	吊笼自重（含驱动系统）	kg	2×2000	
12	安全器型号			SAJ40—1.2

3. 三传动中速变频 SC200/200BZ 型性能参数如表 4-3 所示。

表 4-3 三传动中速变频 SC200/200BZ 型性能参数

序号	项 目	单 位	参 数	备 注
1	额定载重量	kg	2×2000 或 24 人	
2	额定安装载重量	kg	2×1000	
3	额定速度	m/min	0～68	减速器速比 1：10
4	最大提升高度	m	500	
5	吊笼空间（长×宽×高）	m×m×m	3.2×1.5×2.5	
6	电源电压	V	380±19 50Hz	
7	电机功率	kW	2×3×18.5	JC＝25％
8	额定工作电流	A	2×3×38.5	

续表

序号	项 目	单 位	参 数		备 注
9	电源容量	kV·A	2×80		
10	标准节质量	kg	主弦管壁厚	质量	650×650 ×150（mm）
			4.5	145	
			6.0	160	
			8.0	180	
			10.0	195	
11	吊笼自重	kg	1650		
12	驱动系统	kg	850		
13	安全器型号		SAJ50—2.0		

4. 普通二传动 SC200/200E 型性能参数如表 4-4 所示。

表 4-4 普通二传动 SC200/200E 型性能参数

序号	项 目	单 位	参 数	备 注
1	额定载重量	kg	2×2000 或 24 人	
2	额定安装载重量	kg	2×1000	
3	额定速度	m/min	36	减速器速比 1：16
4	最大提升高度	m	450	
5	吊笼空间（长×宽×高）	m×m×m	3.2×1.5×2.5	
6	电源电压	V	380±19 50Hz	
7	电机功率	kW	2×2×13	JC＝25％
8	额定工作电流	A	2×2×27	
9	启动工作总电流	A	2×120	
10	电源容量	kV·A	2×39	
11	标准节质量	kg	145	650×650 ×1508（mm）
12	吊笼自重（含驱动系统）	kg	2×2000	
13	安全器型号		SAJ40—1.2	

5. 二传动低速变频 SC200/200EB 型性能参数如表 4-5 所示。

表 4-5 二传动低速变频 SC200/200EB 型性能参数

序号	项 目	单位	参 数	备注
1	额定载重量	kg	2×2000 或 24 人	
2	额定安装载重量	kg	2×1000	
3	额定速度	m/min	0～40	减速器速比 1：16
4	最大提升高度	m	500	
5	吊笼空间（长×宽×高）	m×m×m	3.2×1.5×2.5	
6	电源电压	V	380±19 50Hz	
7	电机功率	kW	2×2×13	JC＝25％
8	额定工作电流	A	2×2×27	
9	电源容量	kV·A	2×39	
10	标准节质量	kg	145	650×650 ×1508（mm）
11	吊笼自重（含驱动系统）	kg	2×2000	
12	安全器型号		SAJ40—1.2	

6. SCQ60 型曲线式施工升降机的主要技术参数，如表 4-6 所示。

表 4-6 SCQ60 型曲线式施工升降机主要技术参数

序号	项目	单位	技术参数	备注
1	额定载重量	kg	600	
2	最大提升速度	m/mm	28	
3	吊笼尺寸	m	2.1×0.88×2.25	
4	调平机构倾角 α		＋21°～- 9°	
5	导轨架转角 β		1°	
6	最大提升高度	m	150	
7	电动机功率	kW	7.5	

第二节　施工升降机的基本构造及工作原理

一、基本构造

施工升降机一般由金属结构、传动机构、安全装置和控制系统四部分组成。主要构件有：底架、防护围栏、吊笼、驱动机构（即拖动系统）、导轨架（标准节）、外笼、附墙架、电缆导向装置、对重系统、安全器、吊杆、电控系统和其他辅助系统等，如图 4-1 所示：

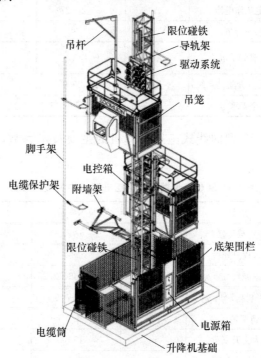

图 4-1　施工升降机的基本构造示意图

1. 底架

底架是用来安装施工升降机导轨架及围栏等构件的机架。如图 4-2 所示，底架由型钢和钢板拼焊而成，四周与地面防护围栏连接，中央为导轨架座，承受施工升降机的全部荷载。导轨架座的四角布置有弹簧缓冲器，用来吸收吊笼或对重的动能，减缓吊笼或对重下行或坠落时的冲击。安装时底架通过基础预埋螺栓紧固在基础上。

图 4-2 底架与缓冲器

2. 防护围栏

防护围栏是在地面上包围吊笼的防护装置。防护围栏为组合式，如图 4-3 所示，由型钢、钢板和钢丝网焊接而成，将施工升降机主机部分包围起来，形成一个封闭区域，防止在施工升降机运行时有人进入该区域。围栏入口处设有护栏门，门上装有机电连锁装置，只有在吊笼运行到底层时，护栏门才可以由吊笼内打开。

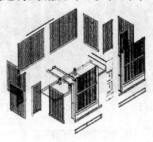

图 4-3 防护围栏拆分图

3. 吊笼

吊笼是施工升降机的工作装置，如图 4-4 所示，用于装载运输人员或者货物，因吊笼的上下运行实现重物的提升和下降，或人员的上下。吊笼为一整体长方体焊接钢结构，或者由多个钢结构通过装配组成的结构，称为"模块式"或者"拆分式"吊笼。吊笼前后设有垂直抽拉式进出口门。吊笼顶上四周有防护围栏，笼顶作为施工升降机安装或者拆卸的工作平台，笼顶上开有一个活动门，可以使用吊笼内配备的小梯子上下。

图 4-4 吊笼示意图

吊笼门的形式有很多种，通常是在门上安装有滑轮，可以沿着吊笼上的滑道上下或左右滑动开启，如图 4-5 所示。

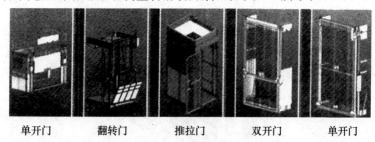

| 单开门 | 翻转门 | 推拉门 | 双开门 | 单开门 |

图 4-5 吊笼门的形式

（1）翻转门：也是两扇门，上面一扇门往上开启，下面一扇门以下端为转轴往外翻转，两扇门自平衡质量。

（2）推拉门：上下各一滑道或滚轮，可以向一侧或两侧开启。

（3）双开门：即两扇门，分别往上或往下开启，两扇门自平衡质量。

（4）单开门：通常往上开启，两侧加有配重块。

吊笼门上安装有机械门锁和电气行程开关双连锁装置，如图4-6所示。这样在运行过程中，吊笼门无法从内部开启。只有到达相应的楼层位置时，通过安装在外笼或者层门上的开关板（或碰铁）来开启门锁，电气行程开关会将吊笼门的状态（开启或关闭）信号发向电气控制箱，在门被打开（或未完全关闭）时不允许施工升降机启动运行。

图 4-6　吊笼双连锁装置

1—门刀　　　2—行程开关

吊笼上有两根立柱（也称大梁），立柱上安装有数套滚轮，使吊笼能够抱住导轨架，并在其上做上下运行。吊笼上还安装有至少一对安全保护钩，它的作用是万一上双滚轮螺栓损坏甚至折断，使上双滚轮脱出并掉落之后，吊笼仍能保持在导轨架之上，如图4-7所示。

图 4-7　安全保护钩

1—上双滚轮；2—安全保护钩；3—立柱

4. 驱动机构

驱动机构一般由电机、减速机、电磁制动器、弹性联轴器、驱动齿轮、传动板和滚轮等组成，为施工升降机的运行提供动力，如图 4-8 所示。

图 4-8　驱动机构

驱动机构与吊笼之间采用专用销轴连接，滚轮将整个传动机构锁定在导轨架上，使其只能沿导轨架上下运行，传动机构同样也安装至少一对安全钩，防止滚轮损坏时传动机构脱离导轨架。

每台施工升降机通常都是根据要求（如足够的功率和扭矩，适合的安全系数等）配置电机和减速机，所以当有电机或减速机损坏时，应通知生产厂家协助处理，不能擅自使用其他厂家的电机或减速机来代替。此外，还要注意的是不同额定功率、不同额定转速的电机不能组合使用。

在驱动结构与吊笼之间连接使用的超载保护装置，图 4-9 所示，当吊笼超载时会向操作者发出警报。

图 4-9 超载保护装置

超载保护装置的安装示意如图 4-10 所示。

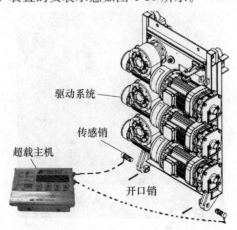

图 4-10 超载保护装置的安装示意图

　　施工升降机使用的电动机均有失电制动功能，如图 4-11 所示。当通电工作时，电磁铁产生吸力，使摩擦片与摩擦盘脱离接触，电机能够转动工作。当断电后，摩擦片在弹簧力的作用下，重新压紧摩擦盘，使电机转子不能转动。

图 4-11　施工升降机使用的电动机
1—摩擦盘；2—摩擦片；3—手动释放装置；4—电磁铁绕线组

　　电动机末端的制动器上都有手动释放刹车装置，在遇到紧急情况下可以用来人工释放刹车，使吊笼下滑，如图 4-12 所示。

图 4-12　手动释放刹车装置

5. 导轨架（标准节）

通常把用于支撑和引导吊笼、对重等装置运行的金属构架称作导轨架，是由若干个施工升降机的标准节装配好齿条后，用高强度螺栓连接而成。

导轨架是施工升降机的运行轨道，并承受吊笼的运行荷载并传递给基础。如图 4-13 所示，导轨架由标准节通过高强度螺栓连接组成。标准节由钢管和冷弯型钢组焊而成。

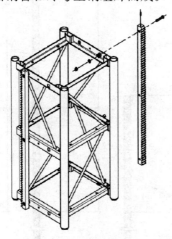

图 4-13　导轨架标准节

标准节两侧面装有传动齿条（单笼只有一侧齿条），齿条材质经热处理，承载能力大，耐磨性好。齿条可以拆换。特别注意的是，吊笼等部件的自重和载重产生的垂直力是经由齿条经标准节传递给基础的，因此，齿条的固定螺栓连接十分重要。

标准节的常用尺寸为 650mm×650mm×1508mm，质量约在 140kg，根据安装高度的不同，标准节立管有几种不同的壁厚，如图 4-14 所示。安装在最上面的是最小壁厚立管的标准节，下部安装的是壁厚加大的立管标准节。不同壁厚的标准节均有标记，安装时必须按照施工升降机使用说明书进行合理组合。

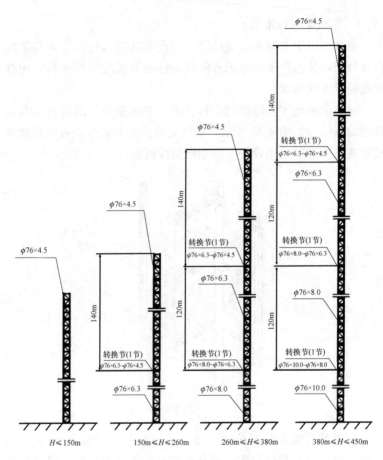

注：H 为导轨架安装高度。

图 4-14　标准节高度配置图

通常随着高度的变化，主支撑钢管厚度也随着变化，安装时必须把主支撑钢管厚度较厚的标准节安装在下面，按照"从下到上，由厚到薄"的原则来安装。

不同厂家的标准节规格会有所不同，主要是根据施工升降机的安装高度、载重量和安装环境等来选择。

例如，根据图 4-14，导轨架的安装高度为 450m 时，其配置情况如下：

① 76×4.5　安装高度 140m　共 93 节；

② 76×6.3　安装高度 120m　共 80 节（含 1 节转换节）；

③ 76×8.0　安装高度 120m　共 80 节（含 1 节转换节）；

④ 76×10.0　安装高度 450－140－120－120＝70m 共 46 节（含 1 节转换节）。

6. 基础

施工升降机的基础必须能承受整机的质量和运行时产生的冲击荷载，设计计算时还要考虑当地的地震和季风情况等。

基础可以是钢筋混凝土结构，也可以是钢结构，如图 4-15 所示。

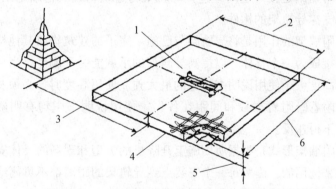

图 4-15　钢筋混凝土结构基础示意图

1—预埋基础框；2—基础长度；3—附墙距离；4—钢筋混凝土；
5—基础厚度；6—基础宽度

在制作基础之前，一定要先计算基础承载。通常基础承载可以用以下公式计算：

基础承载力

$$P＝n×G$$

式中　P——基础承载力；

　　　　n——安全系数。

　　考虑运行中的动载、风载及自重误差对基础的影响，一般取 $n=2$。

　　$G=$ 吊笼自重（含驱动系统）＋吊笼额定载重＋底架护栏自重＋导轨架自重＋附件质量＋附墙架质量＋对重自重（kg）

　　注：① 附墙架因为固定在建筑物上，主要承力点在建筑物上，所以不包括在整机自重内。

　　② 如果基础低于周边环境，应采取一些排水措施，以防积水。

　　7. 附墙架

　　附墙架是按一定间距连接导轨架与建筑物或其他固定结构，从而支撑导轨架的构件。

　　附墙架的作用是将导轨架与已施工完了的建筑物或其他构筑物连接成为一个整体，以提高导轨架的承载能力和刚度。当导轨架的高度大于使用说明书规定的最大独立使用高度时，必须及时进行附着。附着次数和间距在各厂家使用说明书中均有明确规定，不得违反。

　　附墙架形式是根据所用施工升降机的类型和现场的具体安装状况来选用的。因为每一个安装点到导轨架的距离都不可能绝对相等，所以附墙架通常都是可以调节距离的。

　　附墙架与建筑物（墙体）连接通常有多种形式，如图 4-16 所示。

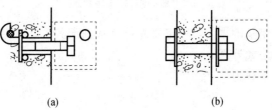

　　　　　　(a)　　　　　　　　　　　(b)

图 4-16　附墙架与建筑物（墙体）连接形式

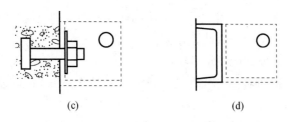

图 4-16　附墙架与建筑物（墙体）连接形式（续）

（a）与墙上的预埋件相连接；（b）用穿墙螺栓固定；

（c）预埋螺栓；（d）与钢结构焊接

根据附墙距离和预埋件位置的不同，附墙架结构形式可分为
Ⅰ型、Ⅱ型、Ⅲ型和Ⅳ型等几种，如图 4-17 所示。

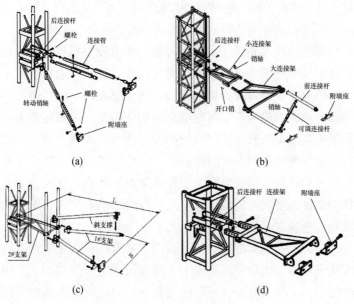

图 4-17　常用的附墙架示意图

（a）Ⅰ型附墙架示意图；（b）Ⅱ型附墙架示意图

（c）Ⅲ型附墙架示意图；（d）Ⅳ型附墙架示意图

通常情况下，生产厂家提供的使用说明书均会说明附墙架作用于建筑物上的力的计算方法。

附墙架安装的注意事项：

（1）每间隔一定距离（按规定通常是 6～10.5m）必须安装一套附墙架。

（2）顶端悬臂高度应控制在结构允许的受力范围内。

（3）安装时必须锁紧各连接扣件、螺栓或销轴等。

8. 电缆运行装置

由于施工升降机的驱动系统安装在吊笼顶部且随吊笼一起上下运行，动力电缆的接入点总在发生变化，而动力电缆的另外一端始终接在防护围栏上的下电箱中，因此必须配置电缆运行装置。

电缆运行装置有卷筒式和滑车式两种。

电缆卷筒式为直接接入式，就是动力电缆一端接入吊笼电铃箱，从吊笼直接下垂到地面的电缆卷筒中，然后从卷筒底部引出接入下电箱，该电缆称为随行电缆。吊笼下行时，随行电缆多出来的部分放入卷筒内，上行时则从卷筒中拉出。可见这种方式下电缆下垂高度即为升降机的运行高度。此外，为确保电缆的安全运行，沿导轨架每隔一定间距安装一个电缆护线架。在施工升降机运行时护线架可保证电缆处于护线架的护圈内，从而防止电缆与周边物体缠绕发生危险。由于风荷载的影响和电缆自重和强度的限制，这种方式的使用高度不大于 100m。

另一种就是电缆滑车式。电缆滑车式有一根固定电缆。固定电缆从下电箱引出沿导向架向上，并分段固定在导向架上。到使用高度的一半位置时接入中间接线盒内。随行电缆则从中间接线盒内接出，然后电缆下垂，绕过吊笼下面的电缆滑车再垂直向上，最后进入吊笼接入电铃箱。吊笼上下运行时，电缆滑车被随行电缆牵引随吊笼同步运行。由于电缆的中间接线盒位于一半高度处，且电缆滑车的作用相当于动滑轮，因此电缆的下垂高度大大减小，升降机的运行高度可以大幅增加。为防止电缆与周边物体缠绕发生危险，电缆滑车式的随行电缆也有类似电缆卷筒式的电缆护线架

9. 对重系统

使用对重的目的是用来平衡吊笼质量。使用适当的对重可以平衡一部分吊笼质量，从而降低拖动系统（即电机、减速机和变频器等）的配置，提高升降机运行速度并提高各传动部件的寿命。在不改变电气配置的情况下，还可提高升降机的载重量。

对重系统通常包括对重、天轮、钢丝绳和带导轨的标准节等，如图 4-18 所示。

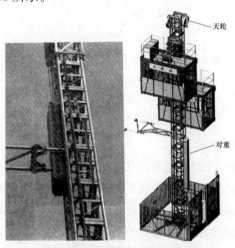

图 4-18　对重系统

采用对重系统的缺点是加高时比较麻烦，而且对重钢丝绳与齿条相比，在使用次数相同的情况下，它的使用寿命和安全系数比较低，容易发生故障，例如对重出轨或钢丝绳折断。

对重所使用的钢丝绳应不少于两根，且相互独立，直径应不小于 8mm。钢丝绳末端连接（固定）的强度应不小于钢丝绳最小破断荷载的 80%。如果钢丝绳的末端固定在升降机的驱动卷筒

上，则卷筒上应至少保留两圈钢丝绳。此外，钢丝绳末端应采用可靠的方法连接或固定，如图 4-19 所示，不得使用可能损害钢丝绳的末端连接装置，如 U 形螺栓钢丝绳夹。

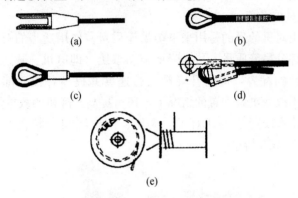

(a)　　　　　　　　　　(b)

(c)　　　　　　　　　　(d)

(e)

图 4-19　钢丝绳末端连接方法和绳具示例

（a）金属或树脂浇铸的接头；（b）带套环的编结接头；

（c）带套环的压制接头；（d）楔形接头；

（e）钢丝绳床板（使用钢丝在卷筒上有保留圈的钢丝绳固定装置）

10. 吊杆

并不是每一个施工现场都有其他起重设备来帮助安装和拆卸施工升降机零部件。特别是当施工升降机安装在电梯井这类封闭空间时，要求施工升降机必须具有自安装功能，所以每台施工升降机都会自带一套小型的起重设备——吊杆，如图 4-20 所示。

图 4-20　吊杆

吊杆是吊笼的一个配件，并且可拆卸。工作时吊杆安装在吊笼顶上，在安装或拆卸时专门用来起吊标准节或附墙架等零部件，起重能力一般不大于 250kg。吊杆不允许作其他用途。

常用吊杆分为手动吊杆和电动吊杆。

对于手动吊杆，物件的起吊和放下都需要操作人员通过摇杆人力完成。凡是人力吊杆都有制动功能，即起吊重物时往一个方向摇杆，反方向是制动的；但当下放重物时，可以转换方向摇杆且有限速制动。

二、其他辅助设备或系统

其他辅助设备或系统有自动加油系统、维修用安全卡具、自动/半自动平层与楼层呼叫系统等。

1. 自动加油系统

自动加油系统主要由加油泵、储油罐、管路分配器、油管和接油嘴等组成，用于对运动部件或易磨损部件进行自动润滑，如图 4-21 所示。

图 4-21 自动加油系统

施工升降机上需润滑的主要零部件有减速机、齿轮与齿条、限速器小齿轮和随动齿轮、安装吊笼、传动小车和电缆小车上的滚轮、导轨架立管、门配重导向轮和滑道、对重导向轮与滑道、天轮和钢丝绳等。

需要注意的是：

（1）不同部件可能所用的润滑剂不同。

（2）不同部件需要的润滑剂油量不同。

（3）不同部件需要加润滑剂的频率不同。

2. 维修用安全卡具

当需要在吊笼下方进行故障检修时，应将升降机提升至离安装面约 1.8m 高位置，同时为了确保安全，要用一些卡具或支撑将升降机固定在导轨架上。

3. 自动/半自动平层与楼层呼叫系统

在每个楼层上应当安装有呼叫（或召唤）按钮，它是通过一种无线电发射器，将信息发送到吊笼内的接收头，当楼层上有人按钮时，在吊笼内的接收主机上则会有楼层数的显示、语音播报或响铃，如图 4-22 所示。

楼层按钮通常为恒压式，且楼内主机发出的语音播报或响铃和其他警铃发出的声响不同。

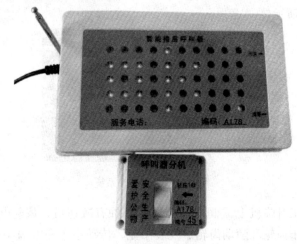

图 4-22　楼层呼叫系统

　　自动平层系统同室内电梯相似，在吊笼内有一个操作键盘或触摸屏（比较便于参数的设置和调整）。当输入楼层层数后，再按一下启动，施工升降机会自动运行至所选楼层。半自动平层系统是指输入楼层层数后，手动控制运行按钮或手柄（恒压），运行至所选楼层时，施工升降机会自动停层。

　　平层系统通常包括可编程控制器（PLC）、旋转编码器或脉冲编码器、触摸屏或操作键盘等。原理是通过旋转编码器记录齿轮或齿牙数来控制平层；或者是用封闭式脉冲编码器连接电机，通过测量电机脉冲控制平层准确度。

第五章 施工升降机的安全保护装置

第一节 防坠安全器

防坠安全器是非电气、气动和手动控制的防止吊笼或对重坠落的机械式安全保护装置，如图 5-1 所示。防坠安全器是一种非人为控制的，当吊笼或对重一旦出现失速、坠落情况时，能在设置的距离、速度内使吊笼安全停止。防坠安全器按其制动特点可分为渐进式和瞬时式两种形式。

图 5-1　防坠安全器外观图

1. 渐进式防坠安全器

防坠安全器是一种非电气、气动和手动的防止吊笼或对重坠落的机械安全保护装置。施工升降机之所以安全载人载物运行，主要是由于其配备了各种安全装置，其中最重要的是防坠安全器。由于防坠安全器的优越性能，大大提高了施工升降机运行的安全系数。目前 SC 型升降机广泛使用的是齿轮锥鼓形渐进式防坠安全器（图5-1）。这是一种渐进式安全器，其初始制动力矩可调，且制动过程中制动力矩逐渐增大最终实现制动，制动平稳，安全可靠。

渐进式防坠安全器由齿轮、离心式限速装置、锥鼓形制动装置等组成。离心式限速装置包括离心块座、离心块、调速弹簧、螺杆等；锥鼓形制动装置主要由壳体、摩擦片、外锥体、加力螺母、碟形弹簧等组成（图5-2）。

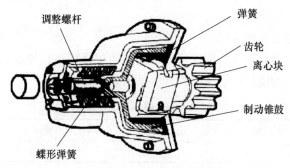

调整螺杆　弹簧　齿轮　离心块　制动锥鼓　蝶形弹簧

图5-2　防坠安全器内部结构

防坠安全器通过安装板安装在施工升降机吊笼内的导向柱上，一端的齿轮与导轨架的齿条相啮合。当吊笼正常运行时，齿轮轴带动离心块座、离心块、调速弹簧和螺杆等组件一起转动，防坠安全器也就不会动作。当吊笼瞬时超速下降或坠落时，离心块在离心力的作用下，压缩调速弹簧并向外甩出，其三角形的头部卡住外锥体的凸台，然后就带动外锥体一起转动。此时外锥体尾部的外螺纹在加力螺母内转动，由于加力螺母被固定住，外锥体只能向后方移动，这样使外锥体的外锥面紧紧地压向胶合在壳体上的摩擦片，当阻力一定时就使吊笼制动，平稳停止在导轨架上，与此同时，防坠安全器内的微动开关被触发，切断驱动电机电源，从而确保人员和设备的安全。

防坠安全器是升降机上最重要的安全装置，为专业厂许可证生产，按国家有关规定，必须定期进行送检试验。

（1）渐进式防坠安全器的主要技术参数：

①额定制动荷载

额定制动荷载是指安全器可有效制动停止的最大荷载，目前标准规定为 20kN、30kN、40kN、60kN 四挡。SC100/100 型和 SCD200/200 型施工升降机上配备的安全器的额定制动荷载一般为 30kN。SC200/200 型施工升降机上配备的安全器的额定制动荷载一般为 40kN。

②标定动作速度

标定动作速度是指按所要限定的防护目标运行速度而调定的安全器开始动作时的速度，具体见表 5-1。

表 5-1　安全器标定动作速度

施工升降机额定提升速度 V（m/s）	安全器标定动作速度 V（m/s）
V	$\leqslant V+0.40$

③制动距离

制动距离指从安全器开始动作到吊笼被制动停止时，吊笼所移动的距离。制动距离应符合表 5-2 的规定。

表 5-2　安全器制动距离

施工升降机额定提升速度 V（m/s）	安全器制动距离（m）
$V\leqslant0.65$	$0.10\sim1.40$
$0.65<V\leqslant1.00$	$0.20\sim1.60$
$1.00<V\leqslant1.33$	$0.30\sim1.80$
$1.33<V\leqslant2.40$	$0.40\sim2.00$

（2）防坠安全器的安全技术要求：

①防坠安全器必须进行定期检验标定，定期检验应由具有相应资质的单位进行。

②防坠安全器只能在有效的标定期内使用，有效检验标定期

限不应超过 1 年。防坠安全器使用寿命为 5 年。

③施工升降机每次安装后，必须进行额定荷载的坠落试验，以后至少每三个月进行一次额定荷载的坠落试验。试验时，吊笼不允许载人。

④防坠安全器出厂后，动作速度不得随意调整。

⑤SC 型施工升降机使用的防坠安全器安装时透气孔应向下，紧固螺孔不能出现裂纹，安全开关的控制接线完好。

⑥防坠安全器动作后，需要由专业人员实施复位，使施工升降机恢复到正常工作状态。

2. 瞬时式防坠安全器

瞬时式防坠安全器是初始制动力（或力矩）不可调，瞬间即可将吊笼或对重制停的防坠安全器。其特点是制动距离较短、制动不平稳、冲击力大。

第二节　超载保护装置

超载保护装置的功能是：吊笼中的荷载超过规定值，警铃将发出警示声音。"中联"升降机选用两家品牌的超载保护器（图5-3），主要差别在外观，功能和接线差不多。

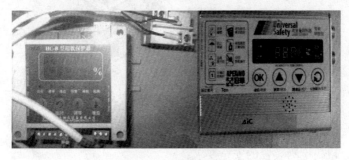

图 5-3　超载保护器

一套超载保护装置包括超载传感器（传感销）、超载保护器和超载警铃等（图5-4）。

图5-4　超载保护装置的组成

超载传感器（销）既是驱动系统（即传动板）与吊笼的连接件（图5-5），又是超载主机的荷载传感器。传感销内贴有应变片。受载后传感销变形，引起应变片阻值发生变化。该信号输入超载主机进行处理并与设定值进行比较，超过设定值后即发出警示信号。

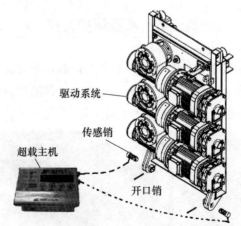

图5-5　超载保护装置的安装示意图

超载检测装置的安全要求：

（1）超载检测装置的显示器要防止淋雨受潮。

（2）在安装、拆卸、使用和维护过程中应避免对超载检测装置的冲击、振动。

（3）使用前应对超载检测装置进行调整，使用中发现设定的限定值出现偏差，应及时进行调整。

第三节　电气安全开关

电气安全开关是施工升降机中使用比较多的一种安全防护开关。当施工升降机没有满足运行条件或在运行中出现不安全状况时，电气安全开关动作，施工升降机不能启动或自动停止运行。

一、电气安全开关的种类

施工升降机的电气安全开关大致可分为行程安全控制和安全装置连锁控制两大类。

1. 行程安全控制开关

行程安全控制开关是指当施工升降机的吊笼超越了允许运动的范围时，能自动停止吊笼的运行，如图 5-6 所示。行程安全控制开关主要有上、下行程限位开关，减速开关和极限开关。

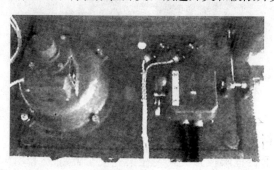

(a) 普通底板

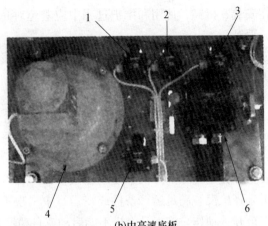

(b)中高速底板

(c)上限位开关挡板　　　(d)下限位开关挡板

图 5-6　行程安全控制开关

1—上减速限位开关；2—下限位开关；3—上限位开关；

4—安全器；5—下减速限位开关；6—极限开关

（1）行程限位开关

上、下行程限位开关安装在吊笼安全器底板上，当吊笼运行至上、下限位位置时，限位开关与导轨架上的限位挡板碰触，吊笼停止运行，当吊笼反方向运行时，限位开关自动复位。

（2）减速开关

中、高速施工升降机应设置减速开关，当吊笼下降时在触发下限位开关前，应先触发减速开关，使施工升降机提前减速运行，以避免吊笼下降时冲击底座。

（3）极限开关

施工升降机必须设置极限开关。当吊笼在运行时如果上、下限位开关出现失效，超出限位挡板，并越程后，极限开关须切断总电源使吊笼停止运行。极限开关应为非自动复位型开关，其动作后必须手动复位才能使吊笼重新启动。在正常工作状态下，下极限开关挡板的安装位置，应保证吊笼碰到缓冲器之前，极限开关应首先动作。

注：当施工升降机运行至顶端，为防止因某种原因限位开关和极限开关都失效而导致冲顶，一般都采用了自动越程保护措施，可在导轨架顶端设计安装行程开关或接近开关来防止冲顶。该装置多用于带自动平层系统的升降机。对于建筑施工中广泛使用的普通施工升降机，常采用导轨架最高节（顶节），不安装齿条的措施来防止冲顶。

2. 安全装置连锁控制开关

当施工升降机出现不安全状态，触发安全装置动作后，能及时切断电源或控制电路，使电动机停止运转。该类电气安全开关主要有防坠安全器安全开关、防松绳开关和门安全控制开关等。

（1）安全器安全开关

防坠安全器动作时，设在安全器上的安全开关能立即将电动机的电路断开，制动器制动。

（2）防松绳开关

① 施工升降机的对重钢丝绳绳数为两条时，钢丝绳组与吊笼连接的一端应设置张力均衡装置，并装有由相对伸长量控制的非自动复位型的防松绳开关。当其中一条钢丝绳出现的相对伸长量

超过允许值或断绳时，防松绳开关将切断控制电路，同时制动器制动，使吊笼停止运行。

②对重钢丝绳采用单根钢丝绳时，也应设置防松（断）绳开关，当施工升降机出现松绳或断绳时，该开关应立即切断电机控制电路，同时制动器制动，使吊笼停止运行。

（3）门安全控制开关

门上安装安全控制开关后，当施工升降机的各类门没有关闭时，施工升降机就不能启动；而当施工升降机在运行中把门打开时，施工升降机吊笼就会自动停止运行。安装有该类电气安全开关的门主要有单开门、双开门、笼顶安全门、围栏门等，如图5-7所示。

图5-7 门安全控制开关

二、电气安全开关的安全技术要求

（1）电气安全开关必须安装牢固，不能松动。

（2）电气安全开关应完整、完好，紧固螺栓应齐全，不能缺少或松动。

（3）电气安全开关的臂杆不能歪曲变形，防止安全开关失效。

（4）每班都要检查极限开关的有效性，防止极限开关失效。

（5）严禁用触发上、下限位开关来作为吊笼在最高层站和地面站停站的操作。

第四节 其他安全装置

一、机械门锁

施工升降机的吊笼门、顶盖门、地面防护围栏门都装有机械和电气连锁装置，各个门未关闭或关闭不严，电气安全开关将不能闭合，吊笼不能启动工作；吊笼运行中，一旦门被打开，吊笼的控制电路也将被切断，吊笼停止运行。

二、围栏门的机械连锁装置

1. 围栏门的机械连锁装置的作用

围栏门应装有机械连锁装置，使吊笼只有位于地面规定的位置时围栏门才能开启，且在门开启后吊笼不能启动。目的是防止吊笼离开基础平台后，人员误入基础平台造成事故。

2. 围栏门的机械连锁装置的结构

围栏门的机械连锁装置的结构，如图 5-8 所示。它由机械锁钩、压簧、销轴和支座组成。整个装置由支座安装在围栏门框上。当吊笼停靠在基础平台上时，吊笼上的开门挡板压着机械锁钩的尾部，机械锁钩就离开围栏门，此时围栏门才能打开，而当围栏门打开时，电气安全开关作用，吊笼就不能启动；当吊笼运行离开基础平台时，机械锁在压簧的作用下，机械锁钩扣住围栏门，围栏门就不能打开；如强行打开围栏门时，吊笼就会立即停止运行。

图 5-8 围栏门的连锁装置

三、吊笼门的机械连锁装置

吊笼设有进料门和出料门，进料门一般为单门，出料门一般为双门，进出料门均设有机械连锁装置，当吊笼位于地面规定的位置和停层位置时，吊笼门才能开启。进出门完全关闭后，吊笼才能启动运行。

图 5-9 左所示为吊笼进料门机械连锁装置，由门上的挡块、门框上的机械锁钩、压簧、销轴和支座组成。当吊笼下降到地面时，施工升降机围栏上的开门压板压着机械锁钩的尾部，同时机械锁钩就离开门上的挡块，此时门才能开启。当门关闭吊笼离地后，吊笼门框上的机械锁钩在压簧的作用下嵌入门上的挡块缺口内，吊笼门被锁住。图 5-9 右所示为吊笼出料门的机械连锁装置构造。

图 5-9　吊笼进（出）料门机械连锁装置

四、弹簧缓冲器

弹簧缓冲器是施工升降机的最后一道安全装置。由于种种原因，当吊笼（或对重）超越极限开关所控制的位置，以至撞击缓冲器时，由缓冲器吸收或消耗吊笼（或对重）的能量，从而使其安全减速直至停止。

常见的弹簧缓冲器有圆柱螺旋弹簧缓冲器、蜗卷弹簧缓冲器，弹簧缓冲器一般由缓冲橡皮、缓冲座、弹簧、弹簧座等组成。在吊笼下通常设两个或三个，对重下通常设一个。

第六章　施工升降机的安装与拆卸

第一节　施工升降机安装、拆卸安全技术规程

《建筑施工升降机安装、使用、拆卸安全技术规程》JGJ214-2010 节录

一、总则部分

1. 在建筑施工升降机安装、使用、拆卸中，为贯彻"安全第一、预防为主、综合治理"的方针，确保施工中人员与财产的安全，制定本规程。

2. 本规程适用于房屋建筑工程、市政工程所用的齿轮齿条式、钢丝绳式人货两用施工升降机，不适用于电梯、矿井提升机、升降平台。

3. 施工升降机的安装、使用和拆卸，除应符合本规程外，尚应符合国家现行有关标准的规定。

二、基本规定

1. 施工升降机安装单位应具备建设行政主管部门颁发的起重设备安装工程专业承包资质和建筑施工企业安全生产许可证。

2. 施工升降机安装、拆卸项目应配备与承担项目相适用的专业安装作业人员以及专业安装技术人员。施工升降机的安装拆卸工、电工、司机等应具有建筑施工特种作业操作资格证书。

3. 施工升降机的使用单位应与安装单位签订施工升降机安装、拆卸合同，明确双方的安全生产责任。实行施工总承包的，施工总承包单位应与安装单位签订施工升降机安装、拆卸工程安全协议书。

4. 施工升降机应具有特种设备制造许可证、产品合格证、使用说明书、起重机械制造监督检验证书，并已在产权单位工商注册所在地县级以上建设行政主管部门备案登记。

5. 施工升降机在安装作业前，安装单位应编制施工升降机安装、拆卸工程专项施工方案，由安装单位技术负责人批准后，报送施工总承包单位或使用单位、监理单位审核，并告知工程所在地县级以上建设行政主管部门。

6. 施工升降机的类型、型号和数量应能满足施工现场货物尺寸、运载质量、运载频率和使用高度等方面的要求。

7. 当利用辅助起重设备安装、拆卸施工升降机时，应对辅助设备设置位置、锚固方法和基础承载能力等进行设计和验算。

8. 施工升降机安装、拆卸工程专项施工方案应根据使用说明书的要求、作业场地及周边环境的实际情况、施工升降机使用要求等编制。当安装、拆卸过程中专项施工方案发生变更时，应按程序重新对方案进行审批，未经审批不得继续进行安装、拆卸作业。

9. 施工升降机安装、拆卸工程专项施工方案应包括下列主要内容：

（1）工程概况；

（2）编制依据；

（3）作业人员组织和职责；

（4）施工升降机安装位置平面图、立面图和安装作业范围平面图；

（5）施工升降机技术参数、主要零部件外形尺寸和质量；

（6）辅助起重设备的种类、型号、性能及位置安排；

（7）吊索具的配置、安装与拆卸工具及仪器；

（8）安装、拆卸步骤与方法；

（9）安全技术措施；

（10）安全应急预案。

10. 施工总承包单位进行的工作应包括下列内容：

（1）向安装单位提供拟安装设备位置的基础施工资料，确保施工升降机进场安装所需的施工条件；

（2）审核施工升降机的特种设备制造许可证、产品合格证、起重机械制造监督检验证书、备案证明等文件；

（3）审核施工升降机安装单位、使用单位的资质证书、安全生产许可证和特种作业人员的特种作业操作资格证书；

（4）审核安装单位制订的施工升降机安装、拆卸工程专项施工方案；

（5）审核使用单位制订的施工升降机安全应急预案；

（6）制订专职安全生产管理人员监督检查施工升降机安装、使用、拆卸情况。

11. 监理单位进行的工作应包括下列内容：

（1）审核施工升降机特种设备制造许可证、产品合格证、起重机械制造监督检验证书、备案证明等文件；

（2）审核施工升降机安装单位、使用单位的资质证书、安全生产许可证和特种作业人员的特种作业操作资格证书；

（3）审核施工升降机安装、拆卸工程专项施工方案；

（4）监督安装单位对施工升降机安装、拆卸工程专项施工方案的执行情况；

（5）监督检查施工升降机的使用情况；

（6）发现存在生产安全事故隐患，应要求安装单位、使用单位限期整改；对安装单位、使用单位拒不整改的，应及时向建设单位报告。

第二节 施工升降机的安装条件和要求

一、安装条件（部分）

1. 施工升降机地基、基础应满足使用说明书的要求。对基础设置在地下室顶板、楼面或其他下部悬空结构上的施工升降机，应对基础支撑结构进行承载力验算。施工升降机安装前还应对基础进行验收，合格后方能安装。

2. 安装作业前，安装单位应根据施工升降机基础验收表、隐蔽工程验收单和混凝土强度报告等相关资料，确认所安装的施工升降机和辅助起重设备的基础、地基承载力、预埋件、基础排水措施等符合施工升降机安装、拆卸工程专项施工方案的要求。

3. 施工升降机安装前应对各部件进行检查，对有可见裂纹的构件应进行修复或更换，对有严重锈蚀、严重磨损、整体或局部变形的构件必须进行更换。符合产品标准的有关规定后方能进行安装。

4. 安装作业前，应对辅助起重设备和其他安装辅助用具的机械性能和安全性能进行检查，合格后方能投入作业。

5. 安装作业前，安装技术人员应根据施工升降机安装、拆卸工程专项施工方案和使用说明书的要求，对安装作业人员进行安全技术交底，并由安装作业人员在交底书上签字。在施工期间内，交底书应留存备查。

6. 有下列情况之一的施工升降机不得安装使用：

（1）属国家明令淘汰或禁止使用的；

（2）超过由安全技术标准或制造厂家规定使用年限的；

（3）经检验达不到安全技术标准规定的；

（4）无完整安全技术档案的；

（5）无齐全有效的安全保护装置的。

7. 施工升降机必须安装防坠安全器。防坠安全器应在一年有效标定期内使用。

8. 施工升降机应安装超载保护装置。超载保护装置在荷载达到额定载重量的 110％ 前应能中止吊笼启动，在齿轮齿条式载人施工升降机荷载达到额定载重量的 90％ 时应能给出报警信号。

9. 附墙架的附着点处的建筑结构承载力应满足施工升降机使用说明书的要求。

10. 施工升降机的附墙架形式、附着高度、垂直间距、附着点的水平距离、附墙架与水平面之间的夹角、导轨架自由端高度和导轨架与主体结构间的水平距离等均应符合使用说明书的要求。

11. 当附墙架不能满足施工现场要求时，应对附墙架另行设计。附墙架的设计应满足构件刚度、强度、稳定性等要求，制作应满足设计要求。

12. 施工升降机使用期限内，非标准构件的设计计算书、图纸、施工升降机安装工程专项施工方案及相关资料应在工地存档。

13. 基础预埋件、连接构件的设计、制作应符合使用说明书的要求。

14. 安装前应做好施工升降机的保养工作。

二、安装要求

1. 安装作业人员应按施工安全技术交底内容进行作业。

2. 安装单位的专业技术人员、专职安全生产管理人员应进行现场监督。

3. 施工升降机的安装作业范围应设置警戒线及明显的警示标

志。非作业人员不得进入警戒范围。任何人不得在悬吊物下方行走或停留。

4. 进入现场的安装作业人员应佩戴安全防护用品，高处作业人员应系安全带，穿防滑鞋。作业人员严禁酒后作业。

5. 安装作业中应统一指挥，明确分工。危险部位安装时应采取可靠的防护措施。如指挥信号传递困难时，应使用对讲机等通信工具进行指挥。

6. 当遇大雨、大雪、大雾或风速大于 13m/s 等恶劣天气时，应停止安装作业。

7. 电气设备的安装应按施工升降机使用说明书的规定进行，安装用电应符合现行行业标准《施工现场临时用电安全技术规程》JGJ46 的规定。

8. 施工升降机的金属结构和电气设备的金属外壳均应接地，接地电阻不应大于 4Ω。

9. 安装时应确保施工升降机运行通道内无障碍物。

10. 安装作业时必须将按钮盒或操作盒移至吊笼顶部操作。当导轨架或附墙架上有人员作业时，严禁开启施工升降机。

11. 传递工具或器材不得采用投掷的方式。

12. 在吊笼顶部作业前应确保吊笼顶部护栏齐全完好。

13. 吊笼顶上所有的零件和工具应放置平稳，不得超出安全护栏。

14. 安装作业过程中安装作业人员和工具等总荷载不得超过施工升降机的额定安装载重量。

15. 当安装吊杆上有悬挂物时，严禁启动施工升降机。严禁超载使用安装吊杆。

16. 层站应为独立受力体系，不得搭设在施工升降机附墙架的立杆上。

17. 当需安装导轨架加厚标准节时，应确保普通标准节和加厚标准节安装部位正确，不得用普通标准节代替加厚标准节。

18. 导轨架安装时，应对施工升降机导轨架的垂直度进行测量校准。施工升降机导轨架安装垂直度偏差应符合使用说明书和表6-1的规定。

表6-1　安装垂直度偏差

架设高度（m）	$H \leqslant 70$	$70 < H \leqslant 100$	$100 < H \leqslant 150$	$150 < H \leqslant 200$	$H \geqslant 200$
垂直度偏差（mm）	不大于 $(1/1000)$ H	$\leqslant 70$	$\leqslant 90$	$\leqslant 110$	$\leqslant 130$
	对钢丝绳式施工升降机，垂直度偏差不大于 $(1.5/1000)$ h				

19. 接高导轨架标准节时，应按使用说明书的规定进行附墙连接。

20. 每次加节完毕后，应对施工升降机导轨架垂直度进行校正，且应按规定及时重新设置行程限位和极限限位，经验收合格后方能运行。

21. 连接件和连接件之间的防松防脱件应符合使用说明书的规定，不得用其他物件代替。对有预紧力要求的连接螺栓，应使用扭力扳手或专用工具，按规定的拧紧次序将螺栓准确地紧固到规定的扭矩值。安装标准节连接螺栓时，宜螺杆在下，螺母在上。

22. 施工升降机最外侧边缘与外面架空输电线的边线之间，应保持安全操作距离。最小安全操作距离应符合表6-2的规定。

表6-2　最小安全操作距离

外电线路电压（kV）	<1	$1 \sim 10$	$35 \sim 110$	220	$330 \sim 500$
最小安全操作距离（m）	4	6	8	10	15

23. 当发现故障或危及安全的情况时，应立刻停止安装作业，采取必要的安全防护措施，应设置警示标志并报告技术负责人。在故障或危险情况未排除之前，不得继续安装作业。

24. 当遇意外情况不能继续安装作业时，应使已经安装的部件达到稳定状态并固定牢靠，经确认合格后方能停止作业。作业人员下班离岗时，应采取必要的防护措施，并设置明显的警示标志。

25. 安装完毕后应拆除为施工升降机安装作业设置的所有临时设施，清理施工场地上作业时所用的索具、工具、辅助用具、各种零配件和杂物等。

三、安装自检和验收（部分）

1. 施工升降机安装完毕且经调试后，安装单位应按使用说明书的有关要求对安装质量进行自检，并应向使用单位进行安全使用说明。

2. 安装单位自检合格后，应经有相应资质的检验检测机构监督检验。

3. 检验合格后，使用单位应组织租赁单位、安装单位和监理单位等进行验收。实行施工总承包的，应由施工总承包单位组织验收。

4. 严禁使用未经验收或验收不合格的施工升降机。

5. 使用单位应自施工升降机验收合格之日起 30 日内，将施工升降机安装验收资料、施工升降机安全管理制度、特种作业人员名单等，向工程所在地县级以上建设行政主管部门办理使用登记备案。

6. 安装自检表、检测报告和验收记录等应纳入设备档案。

第三节　施工升降机的基础

用户在安装使用施工升降机前，应按《施工升降机》GB/T10054 中的 5.1.10 "施工升降机的基础应能承受最不利工作条件下的全部荷载"的规定，对施工升降机的基础进行荷载计算及基础设置等工作。

一、基础承载力

$$P=n \cdot G$$

式中　P——基础承载力；

n——安全系数。考虑运行中的动载、风载及自重误差对基础的影响，取 $n=2$；

G——吊笼自重（含驱动系统）＋吊笼额定载重＋底架护栏自重＋导轨架自重＋附件质量＋附墙架质量＋对重自重（kg）。

升降机基础及基础下的地面必须满足：

导轨架高度≤100m 时，承载能力≥0.10MPa；

100m＜导轨架高度≤300m 时，承载能力≥0.15MPa；

300m＜导轨架高度≤450m 时，承载能力≥0.20MPa。

二、混凝土基础设置的选型

混凝土基础的设置有三种方案可供选择（图 6-1）。

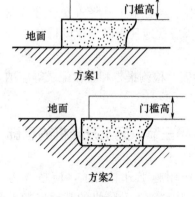

图 6-1　升降机基础方案图

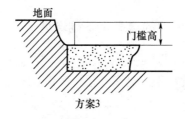

方案3

6-1 升降机基础方案图（续）

1. 方案1：混凝土基础设置在地面上。优点是不需要排水，缺点是门槛较高；

2. 方案2：混凝土基础与地面齐平。优点是排水较简单，缺点是有门槛，但只需用木板搭一简单坡道。

3. 方案3：混凝土基础低于地面。优点是地面与吊笼之间无门槛，缺点是非常容易积水，必须采取严格的排水措施，以免腐蚀升降机底架和围栏。用户应按照施工现场的实际情况进行综合决策来选择基础设置方案。基础施工时需预埋中间预埋框，以方便底架的安装。中间预埋框见图6-2。

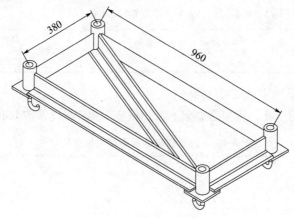

图6-2 中间预埋框

三、不同附墙架的混凝土基础选型

1. 基础型号 CM3228

适用于 I 型附墙架（见图 6-3 及表 6-3）。

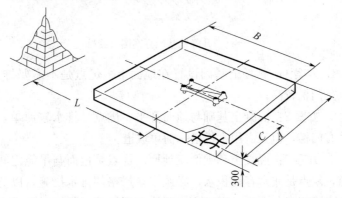

图 6-3　CM3228 型基础

表 6-3　I 型附墙架基础尺寸

升降机型号	吊笼规格（m）	基础离墙距离 L	A（mm）	B（mm）	C（mm）	
					左笼	右笼
SC100	3.2×1.5	I 型附墙架：	3200	3800	2200	1000
SC200	3.0×1.3	1800～2500				

2. 基础型号 CM4438

适用于 II、III 型附墙架不带司机室（见图 6-3 及表 6-4）

表 6-4　II、III 型附墙架不带司机室尺寸

型号	吊笼规格（m）	基础离墙距离 L（mm）	A（mm）	B（mm）	C（mm）	
					左笼	右笼
SC100	3.2×1.5 3.0×1.3	II、III 型附墙架：1800～2100	3200	3800	2200	1000
SC200						
SC100/100			4400	3800	2200	
SC200/200						

3. 基础型号 CM4438

适用于Ⅱ、Ⅲ型附墙架带司机室（见图 6-3、表 6-5）。

表 6-5　Ⅱ、Ⅲ型附墙架带司机室尺寸

型号	吊笼规格（m）	基础离墙距离 L（mm）	A（mm）	B（mm）	C（mm）	
SC100		Ⅱ、Ⅲ型附墙架：3000～3600	4000	3800	左笼	右笼
SC200	3.2×1.5m 3.0×1.3m				3000	1000
SC100/100		Ⅳ型附墙架：1800～2100	6200	3800	3000	
SC200/200						

四、混凝土基础施工注意事项

（1）基础下面的地基承载力必须符合本节第一条的要求，否则地基应加固处理。

（2）基础旁应按现场条件设置排水沟。

（3）预埋框下的底座螺栓钩应与基础内的钢筋网固定连接。

（4）浇筑混凝土时，预埋框上的螺栓孔应临时用木板遮住，或加塑料塞等填充物塞住，防止混凝土进入螺栓孔内。

（5）混凝土基础内的钢筋直径不得小于 12mm，网格 200mm；钢筋材质 HPB235 或 HRB335。混凝土级别应高于 C30 等级。

（6）混凝土基础的制作应按照《钢筋混凝土工程施工与验收规范》GB 50504—2015 执行。

（7）如混凝土基础施工中，用户对上述规定不尽适用，请参照所在地的相关规范和标准执行。

第四节　施工升降机的安装与调试

从事施工升降机安装的人员必须经过培训，并具有相关安装操作资格证。安装前，应详细了解使用说明书中的有关内容。

一、安装前的准备工作

为保证快捷、安全地进行施工升降机安装全过程作业，安装人员在安装前必须做好下列准备工作：

（1）施工升降机的安装地点满足相关安全标准、规范所规定的要求，且已经相关机构检测，并获得检测合格许可证。

（2）施工升降机安装现场有供电、照明、辅助起重设备和其他必需的工具和器具；道路和场地满足运输、周转和停放施工升降机各部件的需要。

（3）安装所用的附墙架预埋件及相关的标准件应由施工升降机制造方提供。

（4）对施工升降机主要受力部件如导轨架标准节、吊笼和传动板等进行外观检查。如发现在仓储和运输中发生碰撞变形等损伤，应向设备主管人员报告，采取修复或更换的办法予以解决。

（5）按有关规定要求，设置保护接地装置，接地电阻≤4Ω。

（6）现场供电箱应与施工升降机底架护栏上的下电箱的距离尽可能短，一般不应超过 20m。每个吊笼配备一根 $3 \times 25 + 2 \times 10$ 的铜线电缆连接。如距离过大，应加大电缆面积，以确保供电质量。

（7）对不是第一次安装使用的施工升降机，应根据维修保养的有关规定，进行转场维修保养处置，确保所有零部件性能良好。即：对所有结构件进行变形、损伤检查，对需要修理及更换的零部件进行处置。

（8）应事先准备好 2～3 套附墙架、电缆导向装置以及相关的各种连接件和标准件。

（9）当现场有其他起重设备（如塔机、汽车吊等）协助安装时，可在地面上将 4～6 个导轨架标准节事先用 M24×230 的专用螺栓组装好。组装时应清除干净标准节主弦杆接口及齿条两端的泥土杂物，并在主弦杆接口处涂抹润滑脂。

（10）准备好必要的辅助设备：5t 或以上的汽车吊（现场可利用塔机）一台、经纬仪一台。

（11）其他：

①混凝土基础达到要求，若干 2～12mm 厚的钢垫片（垫入底架下以调整导轨架的垂直度）。

②按要求配备的专用电源箱、连接该电源箱和升降机下电箱的电缆。

③一套安装工具，如图 6-4 所示。

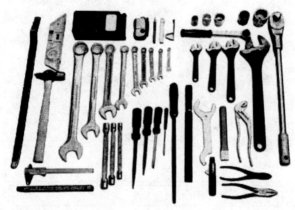

图 6-4　安装用工具

二、安装与调试

1. 安装底架、下部标准节和护栏

（1）将基础表面清扫干净。

（2）确定升降机安装位置和方向，将主底架放在混凝土基础的安装框上，用水平尺找平底架平面，然后用 M30×180 的专用螺栓将底架连接在预埋框上（暂不拧紧）。

（3）安装第一个标准节（不带齿条）。安装前将标准节四根主弦杆管子两端接头处擦拭干净，涂抹少量润滑脂。

（4）用同样的方法安装 3～4 个标准节。安装时应注意齿条的方向，将齿条两端的定位销或销孔擦拭干净并涂抹少量润滑脂。用钢垫片插入底架和混凝土基础之间，如图 6-5 所示的 1～6 的位置，以调整底架的水平度（水平仪校正），再用经纬仪或线坠测量并调整导轨架的垂直度，保证每根立管在两个相邻方向的垂直度≤1/1500。最后用 600N·m 的预紧力拧紧底架与预埋框之间的连接螺栓（图 6-6）。

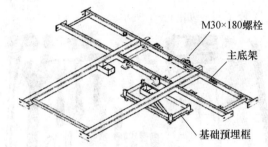

图 6-5　安装主底架

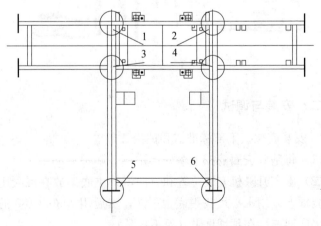

图 6-6　调整导轨架垂直度的垫片位置图

112

注意：① 标准节连接螺栓在连接时螺栓丝杆向上，可以起到螺母脱落预警作用。

② 齿条连接时应正确插入定位销。

③ 导轨架垂直度的调节可能需要反复几次才能达到要求。

（5）用 M16 的螺栓将主底架和副底架连接起来（图 6-7），用同样的方法用垫片垫实副底架。

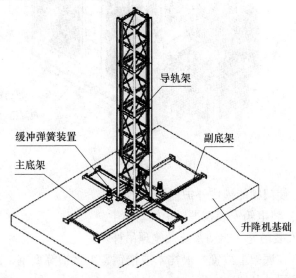

图 6-7　安装全部底架和下部导轨架

（6）将四个缓冲弹簧用螺栓安装在缓冲座上。

（7）将护栏中的后护栏、侧护栏、门框架、中间盒体（电箱用）分别用 Ml0 的螺栓与底架相连（图 6-8），暂不拧紧。

（8）安装门支承，调节门框架的垂直度，使门框架的垂直度在两个相近方向≤1/1000；调节后护栏、侧护栏的垂直度，并拧紧所有连接螺栓。

（9）安装外护栏门、门配重滑道及门配重。

（10）安装吊笼门碰铁及外护栏门锁，调节门锁与外护栏门

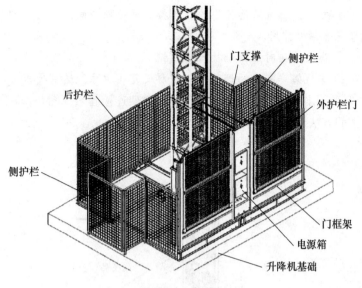

图 6-8　安装护栏

的距离，使门锁能锁住外护栏门。

（11）将电箱安装在护栏中间盒体上。

2. 安装吊笼、驱动系统及笼顶吊杆

（1）在底架上放置一根枕木或槽钢、工字钢等型钢，高度应大于弹簧缓冲装置。

（2）导轨架顶部站立一安装人员，指挥和引导吊笼对准（图6-9）。用起重设备（汽车吊或塔机）将吊笼从导轨架顶部缓慢放下，停放在事先准备好的枕木或型钢上。

（3）用同样方法吊装另一吊笼。

（4）吊装驱动系统。首先松开驱动系统上三个电机的制动器，方法是：旋进制动器上的两个调整螺母（见图6-10。注意：务必使两个螺母平行旋进），直到制动器松开，可以随意拨动制动盘为止。然后用起重设备将驱动系统从吊笼顶部缓慢放下（图6-11），当其连接耳板距离吊笼连接耳板约 400mm 时，旋出各电机制动器调节螺母使制动器复位。

图 6-9　吊装吊笼

图 6-10　制动器调整螺母

图 6-11　吊装驱动系统

（5）用同样的方法吊装另一个驱动系统。

（6）安装左右吊笼笼顶护栏，用螺栓将各护栏连接紧固。注意，有挡板的一端安装在吊笼内侧（图 6-12）。

（7）在地面组装笼顶吊杆，用起重设备将吊杆吊装到位并插入吊杆孔（图 6-12）。安装好的吊杆应转动灵活。

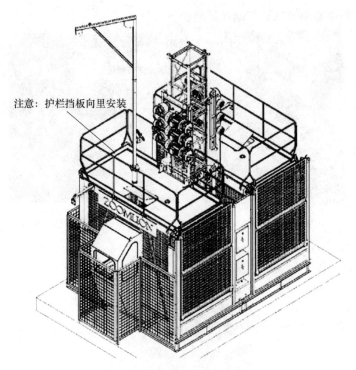

注意：护栏挡板向里安装

图 6-12　安装笼顶护栏和吊杆

3. 安装对重装置

如施工升降机有对重，必须在导轨架加高前将对重装置在导轨架上吊装就位。

（1）在对重正下方安装好对重缓冲弹簧装置。

（2）用起重设备将对重装置吊起，从对重导轨的上方正确地将导向滚轮对准插入导轨，使对重装置平稳地停靠在垫木上。如为单笼升降机，对重装置以吊笼对面的导轨架立柱管为导轨。

（3）调整对重装置的上下各四件导向滚轮的偏向轴，使各对导向滚轮与立柱管的总间隙为 0.5mm。

4. 导轨架安装

将导轨架加高到 10.5m，安装好一个附墙架后再次加高 15m。

（1）在地面用 M24×230 的专用螺栓组装好三个标准节，预紧力矩为 300N·m，然后用起重设备将其吊装到已安装好的标准节上，注意事项同前。

（2）导轨架加高到 10.5m 后，在离地面 9m 处设置第一道附墙架，并用经纬仪或其他检测仪器和工具在两个垂直方向检测导轨架整体的垂直度≤5mm。

（3）继续加高到 15m。

如施工升降机的使用高度超过 150m，下部标准节主弦杆采用加厚钢管。

5. 安装临时供电电缆、控制系统和超载保护器

（1）安装临时电缆

升降机供电电缆的安装方法（包括临时电缆）与采用的电缆运行装置形式有关，通常有电缆卷筒式和电缆滑车式两种，其中电缆滑车式又分为一根电缆和两根电缆供电。

首先，用工地自备电缆（25 mm² 铜芯）连接工地供电箱和底架护栏上的下电箱。然后将随机供货的主电缆两端分别接到吊笼接线盒（电铃盒）和下电箱。

有如下几种情况：如果是电缆卷筒式，则直接按电缆导向装置的安装方法将电缆均匀盘卷在电缆卷筒内，然后从电缆卷筒口和筒底拉出电缆，筒口端接吊笼接线盒，筒底端接下电箱，不能接反。

如为电缆滑车式，则又分两种情况：如果为一根电缆供电，则直接按上述步骤进行接线；如果为两根电缆供电（电缆截面一大一小，截面大的为固定在导轨架上的固定电缆，截面小的为随电缆滑车一起上、下运行的随行电缆），则取随行电缆执行上面步骤。

（2）电控系统接线

将驱动系统电机线接入吊笼内的上电箱相应位置，把笼顶操作盒的七芯航空插头插入上电箱相应插座（见图 6-13。注意：正常运行时，也不能取下笼顶操作盒）。

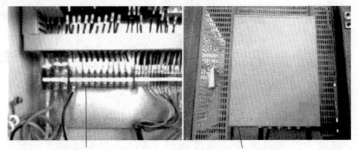

电机线接线端子　　　　　　　　笼顶操作盒插口

图 6-13　电控系统接线

（3）驱动系统的点动试车

接通底架护栏上、下电箱的电源开关，关好护栏门和天窗门，在笼顶用笼顶操作盒进行操作，将操作盒上的转换开关拨到"笼外"位，点动上升按钮检查接入电源相序是否正确。

（4）检查各安全控制开关

包括吊笼门限位开关、天窗门限位开关、上下限位开关、极限开关、底架护栏门限位开关及断绳保护开关（仅限有对重）。

（5）检查接地

用接地电阻测试表测量升降机钢结构及电气设备金属外壳的接地电阻应不大于 4Ω。用 500V 兆欧表测量电机和电气元件的对地绝缘电阻应不小于 1MΩ。

注意：进行所有接线时，必须切断电源！电缆不得扭结和打扣。

（6）安装超载保护器

在笼顶利用操作盒操作驱动系统上、下，对接传动小车与吊笼的连接耳板，穿上超载传感销，插上开口销，将开口销张开至要求状态，然后将传感销的接线端与超载主机接线端连接。

注意：安装超载传感销不能使用铁锤敲打，只允许用橡胶锤敲击。安装时，超载传感器箭头方向必须朝下。

7. 对超载保护器进行设定

快速设定方法如下：

① 接通施工升降机电源。

② 长按←键（"长按"指按该键 3s 以上），采用↑↓输入密码 123123（为出厂原始密码，可参照超载保护器说明书更改）。长按←进入主菜单。

③ 长按←键进入主菜单，使用↓将光标移动到"称重校准"菜单；短按←确定键，屏幕显示"质量值＝0000kg"，确认吊笼内无荷载后，长按键←，"嘀"声后，屏幕显示"质量值＝0000kg"；把重物搬进吊笼内（质量最好在额定载重量的 50％以上）；利用↑↓键将"质量值＝0000 公斤"中的数值修改为搬进吊笼内重物的实际质量值，短按←键两次，返回显示主界面，称重校准完成，可以投入运行。

如需进行其他参数设置，可参考超载保护器使用说明书。

特别注意：必须在连接超载传感销插头后，方可接通电源，否则可能误报警。

6. 安装下限位碰铁及电力驱动升降试车

（1）安装下限位碰铁

升降机装载额定载重量，在吊笼内操作，将吊笼开到笼底与护栏门槛平齐时，按下急停按钮；用钩形螺栓将下限位碰铁和极限开关碰铁安装在导轨架标准节的框架上（图 6-14）。

注意：极限开关碰铁的安装位置必须保证吊笼底部弹簧缓冲器之前动作。

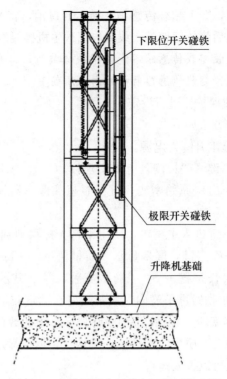

图 6-14　安装下限位开关和极限开关碰铁

（2）电力驱动升降试车

吊笼空载，接通电源，由专职驾驶员在笼顶小心操作笼顶操作盒，使吊笼沿导轨架上、下运行数次，行程高度不得大于 5m。要求吊笼运行平稳、无跳动和无异响等故障，制动器工作正常。同时对下列间隙进行检查：

① 齿轮与齿条的啮合间隙为 0.2～0.5mm；

② 导轮与齿条背面的间隙为 0.5mm；

③ 各滚轮与标准节立管的间隙为 0.5mm。

空载试车正常后，在吊笼内加载额定载重量的物品进行带载运行试车。除上述空载试车的检查内容外，还应检查电机和减速机的发热情况。

特别注意：

① 导轨架顶部尚未安装上限位挡板，因此试车时务必小心谨慎；

② 检查前，必须按下急停按钮或将电源关闭，以防误操作。

7. 整机调试

施工升降机主机就位后（导轨架高度在 15m 以内），可进行通电试运转检查。检查前，应确认施工现场供给电源的电压和功率应满足；漏电保护装置应灵敏、可靠。吊笼内的电动机运转方向及启、制动应正常、有效；电源相位保护、电源极限、上/下限位、各门限位以及紧急断电等开关均应灵敏、可靠。整机调试包括如下内容：

（1）调整滚轮间隙

调整驱动系统及吊笼滚轮与标准节立管之间的间隙为 0.2～0.5mm（图 6-15）。

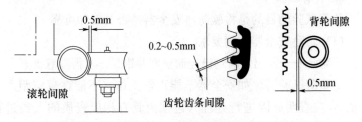

图 6-15 工作间隙示意图

（2）调整驱动齿轮与齿条的啮合间隙

升降机上与齿条相啮合的各齿轮，应将其啮合间隙调整为 0.2～0.5mm（图 6-15）。

（3）调整背轮与齿条的间隙

施工升降机上的各背轮，应相对于齿条背面中心做对称设置，与齿条背面的安装间隙应调整为 0.5mm（图 6-15）。

4. 电缆滑车的调整

在地面调整电缆滑车导向轮与对应轨道的工作间隙为0.5mm，保证用手推拉电缆滑车运行灵活，无阻滞现象。

注意：在吊笼底进行安装调试作业时，必须事先断开主电源，笼底用结实的物体支撑住，以免吊笼下滑发生安全事故。

5. 调整上、下限位碰铁

调整上限位开关碰铁：在吊笼顶部操作。当吊笼底板与最高层登楼平台齐平时，按下急停按钮。然后安装上限位开关碰铁，使碰铁与上限位挡板接触。复位急停开关，下行吊笼再上行，检查上限位开关是否灵敏、可靠。

调整下限位开关碰铁：在吊笼内操作。当满载后的升降机吊笼运行到与底架护栏门槛齐平时，按下急停按钮。安装下限位开关碰铁，使碰铁与下限位挡板接触。复位急停开关，上行吊笼再下行，检查下限位开关是否灵敏、可靠。

8. 坠落试验

坠落试验的目的是检验防坠安全器是否灵敏和可靠。

（1）防坠安全器使用要求

①防坠安全器出厂时均已经调整好并铅封，不得随意拆开。

②坠落试验时，如安全器不能正常工作（不能在规定距离内制动），应查明原因进行处理（包括由具有相应资质的人员进行调整和更换）。

③如安全器出现零件损坏等异常现象，应立即停止使用，及时更换，绝不容许带病运行或缺失运行。

④安全器动作后，必须按照规定进行调整使其复原，安全器未复原或复原不正常时，不允许启动升降机。

⑤不得向安全器内注入任何油性物质，包括润滑油。

（2）坠落试验说明

①首次安装使用、转移工地重新安装以及大修后的升降机必

须进行一次坠落试验。升降机正常运行期间，每隔三个月定期进行一次坠落试验（或按当地主管部门有关规定执行）。

②根据国家标准，安全器出厂一年后（按标牌或试验报告上标注的日期起算）必须送厂检测（包括一年内未曾使用过的），且在使用过程中每年必须送厂检验。经检验合格后，方可继续使用。

③防坠安全器的寿命为 5 年。

（3）坠落试验方法

①导轨架加高到 15m，在 9m 处安装一道附墙架。

②吊笼内装载额定质量。

③切断护栏处下电箱的总电源，用试验电缆短接防坠安全器的微动开关并按图 6-16 所示将坠落试验盒的五芯航空插头插入上电箱内的接口上。

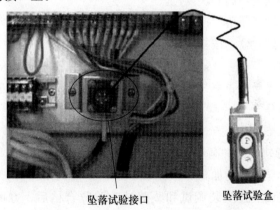

坠落试验接口　　　　坠落试验盒

图 6-16　坠落试验盒插头插入上电箱插座

④将试验按钮盒穿过吊笼门放到地面，关闭所有吊笼门。注意：一定要确保坠落试验时，电缆不会被卡住。

⑤合上总电源开关。按坠落试验按钮盒上的"上行"按钮，使吊笼运行，驱动系统上升到距地面 10m 左右。注意驱动系统不

要"冒顶"。

⑥按钮盒上的"坠落"按钮不要松开，吊笼将自由坠落，坠落一段距离后，防坠安全器动作将吊笼锁住。正常情况下吊笼的制动距离为 0.14～1.4m（制动距离应从听见"哐啷"声音后起算）。吊笼制动的同时，通过机电连锁切断电源。

注意：

坠落试验时，吊笼上不允许有人。

如果吊笼自由下落距地面 3m 左右仍未停止，应立即松开按钮使吊笼停止，然后点动"坠落"按钮，使吊笼缓缓落到地面，并查清原因。

如发现试验情况异常（如制动距离超长），应与供货商联系。

⑦按试验盒上的"上行"按钮，使吊笼上升 0.2m 左右，然后使防坠安全器离心块复位。

⑧点动"坠落"按钮，使吊笼缓缓降落到地面，拆除试验电缆和坠落试验盒，按复位按钮进行复位。

注意：

每次点动使吊笼下降距离不可超过 0.2m，否则防坠安全器将再次动作。

做完坠落试验后，必须拆除试验电缆。

9. 导轨架的加高和上部限位碰铁安装

（1）导轨架的加高

在完成上述安装调试和坠落试验验收合格后，方可加高导轨架。

①加高前的准备工作

a. 升降机不同的安装高度（H）配置的标准节，其主弦管的壁厚不同。不同壁厚主弦管的标准节之间必须设置转换节。加高时应按图 6-17 进行配置和准备。

例如，根据图 6-17，导轨架的安装高度为 450m 时，其配置情况如下：

· 76×4.5 安装高度140m 共93节；

· 76×6.3 安装高度120m 共80节（含1节转换节）；

· 76×8.0 安装高度120m 共80节（含1节转换节）；

· 76×10.0 安装高度450－140－120－120＝70m 共46节（含1节转换节）。

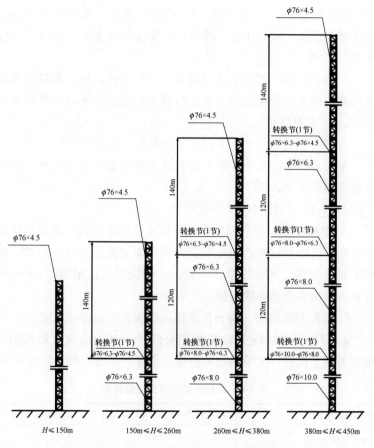

图 6-17 标准节主弦管壁厚配置表

b. 将待安装的标准节以及随同安装的附墙架和电缆导向装置等部件整齐摆放在围栏旁的地面上。地面应干燥、坚实、平整。

②加高安装

a. 将吊笼降至地面，把顶部的吊杆电源插头插入司机室内的插座上。启动吊杆小卷扬机放下吊杆吊钩，钩住标准节吊具。

b. 启动吊杆小卷扬机，用标准节吊具钩住一个标准节（注意，带定位锥套的一端应朝下），起吊标准节，将标准节吊到吊笼顶部并摆放平稳。注意，每次在吊笼顶部最多允许摆放三个标准节。

c. 在吊笼顶部操作启动升降机。当驱动系统最顶端接近导轨架顶部时停车，改用点动方式直到驱动系统顶端距导轨架顶端约300mm 左右时停止。

注意：吊笼运行时，吊杆上不准吊挂标准节。

吊笼顶部作业人员在吊笼运行时要特别注意安全，防止与附墙架等部件相碰。

d. 按下急停按钮，以防意外。

e. 用吊挂吊起一个标准节，在标准节主弦管接口锥面上涂抹润滑脂。启动卷扬机将标准节提升到导轨架顶端高度并对准，然后下放并检查二者对接是否正确。一切正常后，用 300N·m 的拧紧力紧固好全部连接螺栓。

f. 重复上述步骤，将导轨架加高到所需要的安装高度。

g. 导轨架每加高 10m 应使用经纬仪或其他检测仪器在两个垂直方向上检查一次导轨架的整体垂直度，其偏差要求见表 6-6：

表 6-6　导轨架安装垂直度偏差表

导轨架高度(m)	$h \leqslant 70$	$70 < h \leqslant 100$	$100 < h \leqslant 150$	$150 < h \leqslant 200$	$h > 200$
垂直度偏差值 (mm)	不大于导轨架架设高度的 0.5/1000	$\leqslant 35$	$\leqslant 40$	$\leqslant 45$	$\leqslant 50$

标准节对接时，应保证上、下标准节主弦杆对接处的错位阶差≤0.5mm。

有对重导轨的标准节，应保证上、下对重导轨对接处的错位阶差≤0.5mm。

注意：

·在导轨架加高的同时，应按要求安装附墙架。

·对于无配重施工升降机，加高完了后顶部标准节四根主弦管上口必须装上橡胶密封顶套。

·施工现场如有合适的起重设备，可先在地面将3～4节标准节拼装好，由起重设备直接吊装到导轨架顶部进行安装。

③上部限位碰铁安装

导轨架加高前，应将上限位碰铁拆下。导轨架加高完成后，需在新的高度位置重新安装上限位碰铁（图6-18）。

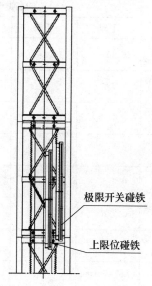

极限开关碰铁

上限位碰铁

图6-18　上限位碰铁的安装位置

导轨架加高完成后，向上运行施工升降机。当吊笼底板与最高层登楼平台平齐时，按下急停按钮，在限位开关的对应位置分别将上限位开关碰铁和极限开关碰铁用钩形螺栓固定在标准节方框上。极限开关碰铁的安装位置为：吊笼上行，上限位开关动作后吊笼制动停下，此时极限开关的臂杆与极限开关碰铁下端距离为 150mm。

（十）安装附墙架

1. 附墙架间距和导轨架最大悬臂端高度的规定

附墙架的安装应与导轨架的加高安装同步进行；附墙架间距和导轨架最大自由端高度必须符合图 6-19、图 6-20 及表 6-7 规定。

表 6-7　附墙架最大附着间距 L_1 和最大悬臂端高度 L_2 配置表

项目类型		附墙类型			
		Ⅰ型	Ⅱ型	Ⅲ型	Ⅳ型
附墙架最大附着间距 L_1（m）	导轨架高度 ≤100m	9	10.5	10.5	10，5
	100m＜导轨架高度≤150m	7.5	9	10.5	9
	150m＜导轨架高度≤300m	7.5	9	—	9
	导轨架高度 ≥300m	—	7.5	—	7.5
最大悬臂端高度 L_2（m）	导轨架高度 ≤100m	7.5	7.5	7.5	7.5
	100m＜导轨架高度≤150m	6	7.5	7.5	7.5
	150m＜导轨架高度≤300m	6	7.5	—	7.5
	导轨架高度 ≥300m	—	6	—	6

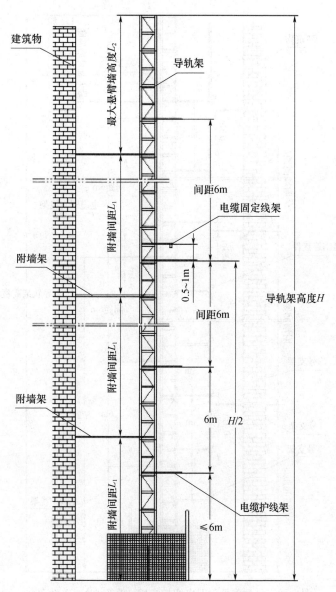

图 6-19 Ⅰ、Ⅱ、Ⅳ型附墙架及电缆护线架（电缆滑车式）安装图

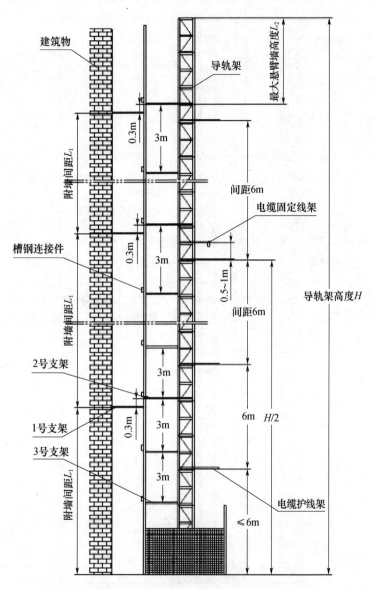

图 6-20　Ⅲ型附墙架及电缆护线架（电缆滑车式）安装图

安装说明如下:

① 第 1 号附墙架距地面最大距离为 10.5m。

② 导轨架安装高度超过 150m 时,不宜采用Ⅲ型附墙架。

③ 电缆卷筒式的附墙架的安装间距和最大悬臂高度与电缆滑车式相同。

(2) 附墙架对墙体的作用力 F

升降机导轨架由附墙架与墙体连接后,升降机的部分运行荷载将通过附墙架传递给墙体,因此墙体及其与附墙架的连接件必须具有一定的承载能力。用户除了按此要求准备一定的预埋件、连接件和连接螺栓外,还要对附着点处的墙体或梁、柱进行受力校核,以确保升降机附着的安全、可靠。

附墙架对墙体的作用力(垂直墙体方向)F 按如下公式计算:

$$F = L \times 60/B \times 2.05 \text{ (kN)}$$

式中 B——附墙宽度(mm);

L——导架中心与墙面间的重直距离(mm)。

墙体和连接件的承载能力必须大于计算值。

(3) 附墙架与墙体的连接方式

①附墙架与墙体的连接有多种形式,根据现场情况按需选择(图 6-21)。其所需零件和连接螺栓(可选用 8.8 级 M24 的螺栓)强度必须满足要求。

②附墙架与墙体严禁采用膨胀螺栓连接。如现场安装情况特殊,应与供货商联系。

(4) 附墙架的安装

安装附墙架时,须始终按下急停按钮;所有连接螺栓必须拧紧,开口销张开正常。

①根据现场的使用要求选择附墙架形式,包括Ⅰ型、Ⅱ型、Ⅲ型和Ⅳ型。

②附墙架可以安装固定在建筑物的现浇混凝土楼板、承力

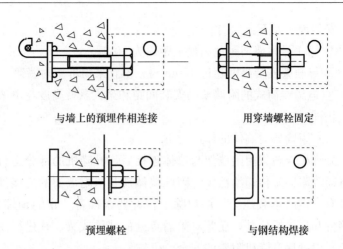

与墙上的预埋件相连接　　　　　用穿墙螺栓固定

预埋螺栓　　　　　　　　　与钢结构焊接

图 6-21　附墙架与墙体连接的四种典型方式

墙、混凝土梁和承力钢结构上，绝不允许安装在类似脚手架等非承力结构上。

③Ⅰ型附墙架的安装方法（图 6-22）

a.Ⅰ型附墙架仅适用于单笼升降机，导轨架安装高度不大于 300m。

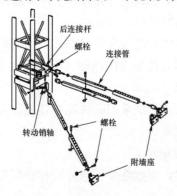

图 6-22　Ⅰ型附墙架的安装方法

　　用 4 个 M16 螺栓或 U 形螺栓的后连接杆固定在标准节上、下框架角钢上（后连接杆必须对称放置），同时在后连接杆之间安装转动销轴。注意，先不要将螺栓拧得太紧，以方便调整连接杆的位置。

b. 用 8.8 级 M24 螺栓将附墙架安装座固定在建筑物上。

c. 用 M20 螺栓将连接管与后连接杆、转动销轴和安装座连接。

d. 按要求校正导轨架垂直度和附墙架水平度（最大水平倾斜角为±8°，即 144：1000）。

e. 校正完毕，拧紧所有连接螺栓。然后慢慢启动升降机，确保吊笼及对重不与附墙架相碰。

④Ⅱ型附墙架的安装方法（图 6-23）

a. 用 4 个 M16 螺栓或 U 形螺栓的后连接杆固定在标准节上、下框架角钢上（后连接杆必须对称放置），同时在后连接杆之间安装转动销轴。注意，先不要将螺栓拧得太紧，以方便调整连接杆的位置。

b. 用 8.8 级 M24 螺栓将附墙架的安装座固定在建筑物上。

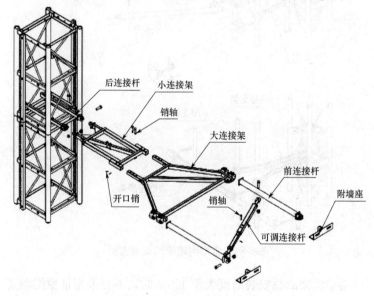

图 6-23 Ⅱ型附墙架的安装方法

133

c. 用 M24 螺栓将小连接架和后连接杆连接在一起。

d. 用 ϕ20 销轴将小连接架与大连接架连接在一起。

e. 用 M24 螺栓将前连接杆和附墙座连接，并将前连接杆与连接架管卡连接。

f. 在附墙座和连接架间安装可调连接杆，用 ϕ20 销子连接。

g. 按要求校正导轨架垂直度和附墙架水平度（最大水平倾斜角为 ±8°，即 144：1000）。

h. 校正完毕，拧紧所有连接螺栓。然后慢慢启动升降机，确保吊笼及对重不与附墙架相碰。

⑤Ⅲ型附墙架的安装方法（图 6-24）

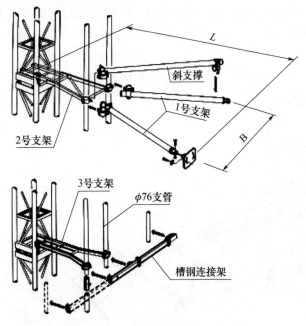

图 6-24　Ⅲ型附墙架的安装方法

当导轨架的总安装高度大于 150m 时，不要采用Ⅲ型附墙架。

a. 安装 ϕ76mm 立管，带豁口的一端朝上。用管卡插入两管之间并拧紧螺丝。

b. 在距地面 9m 高处，将 2 号支架安装在导轨架与 ϕ76mm 立管之间，向上每隔 9m 装一个。

c. 在 2 号支架的上方或下方 300mm 处、ϕ76mm 立管与建筑物之间，每隔 9m 安装一套 1 号支架及斜支撑。

d. 在每个停层站台处安装一个槽钢连接架，可以用作过桥平台的支撑。然后用水平仪测量确保安装的水平度。如果两停层站之间的间距过大，则必须保证间距约 3m 安装一个槽钢连接架。

e. 在槽钢连接架的上方或下方小于 300mm 处安装一个 2 号或 3 号支架。

f. 通过调整 1 号支架，校正导轨架的垂直度。可以采用钢丝绳等拉紧装置进行调整。

g. 校正完毕，拧紧所有连接螺栓。然后慢慢启动升降机，确保吊笼及对重不与附墙架相碰。

⑥Ⅳ型附墙架的安装方法（图 6-25）

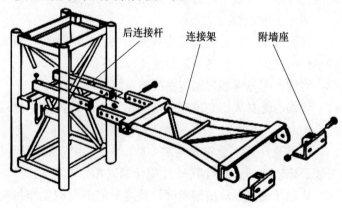

图 6-25　Ⅳ型附墙架的安装方法

a. 用 4 个 M16 螺栓或 U 形螺栓的后连接杆固定在标准节上下框架角钢上（后连接杆必须对称放置）。注意，先不要将螺栓拧得太紧，以方便调整连接杆的位置。

b. 用 8.8 级 M24 螺栓将附墙架的安装座固定在建筑物上。

c. 用螺栓将连接架与后连接杆和附墙座连接在一起。连接架与后连接杆的连接用 M16 螺栓；连接架与附墙座之间用 M24 螺栓。

d. 按要求校正导轨架垂直度和附墙架水平度。

e. 校正完毕，拧紧所有连接螺栓，然后慢慢启动升降机，确保吊笼及对重不与附墙架相碰。

11. 对重总成的安装（带对重升降机）

如施工升降机有对重，在导轨架安装到使用高度、在正常运行前，必须安装对重总成，其中对重装置、对重导轨在导轨架加高以前已经就位，本部分仅涉及天轮架、偏心绳具和钢丝绳的安装。

（1）按要求检查对重导轨的安装情况。为减少对重导轨和对重导向滚轮在运行过程中的磨损，对重导轨的对接处应符合平直要求，否则应予校正。

（2）将天轮架、偏心绳具及绕有两根长度足够的钢丝绳的盘绳装置吊到吊笼笼顶，准备好钢丝绳夹。

（3）将钢丝绳盘绳装置固定在吊笼顶部。

（4）将偏心绳具固定到吊笼顶部的吊板上（或吊笼立柱端头上）。

（5）将吊笼升到距导轨架顶端 500mm 处，用安装吊杆将天轮架安装到导轨架顶，然后用 M24 螺栓紧固在导轨架上。

（6）从钢丝绳盘上放出钢丝绳，放绳时应避免钢丝绳扭绞而造成损伤。

（7）将钢丝绳绕过天轮架上的滑轮，下放到地面的对重装置上。每根钢丝绳用钢丝绳夹按规范固定在对重装置的钢丝绳环上。钢丝绳夹的数量、间距及外露长度必须符合有关标准要求。

注意：安装时如突发阵风，应从吊笼顶部拉牵引软绳，用以引导吊笼顶钢丝绳下放到地面。

（8）用同样的方法将钢丝绳的另外一端用 3 个钢丝绳夹固定在偏心绳具上。调整两根钢丝绳的长度，使松绳限位开关位于挡板的中间位置，并确保对重碰到缓冲弹簧时，吊笼顶离天轮架的距离在 500mm 以上。

（9）检查对重的运行情况，对重轨道应畅通无阻。

注意：用吊笼运送对重总成、天轮架等部件时，必须在吊笼顶部操纵吊笼的运行；在吊笼顶进行安装时，必须按下急停按钮。

12. 有对重导轨架再次加高的安装方法

有对重的施工升降机，因在原使用高度的导轨架顶部已安装对重总成，故导轨架再次加高前，需将天轮架拆下，方能对导轨架进行加高安装。具体方法如下：

（1）按本节第 9 条的规定，在吊笼顶部操纵吊笼，进行导轨架加高安装的升降准备。

（2）拆除导轨架顶部上限位装置的限位挡板和挡块。

（3）谨慎操纵吊笼上升，将对重装置缓缓降到地面的缓冲弹簧上，并用卸载绳索平衡对重装置至天轮架之间两根钢丝绳的质量。

（4）拆除天轮架滑轮的防护罩，将钢丝绳从偏心绳具和天轮架上取下，并将其挂在导轨架上（图 6-26）。也可以将钢丝绳连同钢丝绳盘绳装置放到建筑物顶部楼面上。

（5）拆除天轮架与导轨架的连接螺栓，用安装吊杆将天轮架拆放在吊笼顶部。

图 6-26　将钢丝绳挂在导轨架上

（6）按本节第9条的方法将导轨架加高到所需高度，并重新将天轮架安装在导轨架顶部。

（7）下降吊笼，将钢丝绳盘绳装置重新固定在吊笼顶部；放出与导轨架加高高度2倍长度的钢丝绳后，将钢丝绳与吊笼连接，并拆掉卸载绳索。

（8）谨慎操纵把吊笼升到导轨架顶部，按本节第11条的方法重新安装对重总成的钢丝绳和天轮架滑轮的防护罩。

（9）检查对重导轨是否畅通无阻。

（10）按本节第11条的方法重新安装和调整导轨架顶部上限位挡板和挡块。

（11）以300N·m的预紧力矩紧固导轨架标准节的所有对接螺栓。

注意：以上作业必须在吊笼顶部操纵吊笼的运行，并避免与挂在导轨架上的钢丝绳相碰；只要不操纵吊笼运行，都应该按下急停按钮；所有连接螺栓的强度级别不得低于8.8级。

13. 电缆导向装置的安装

电缆导向装置分电缆卷筒型和电缆滑车型两种。

（1）电缆卷筒和电缆护线架的安装

①在完成本节1～3安装步骤后，安装电缆卷筒。

②用起重设备将待安装的一卷电缆吊挂在卷筒上方（图6-27）。

图6-27　电缆卷筒的安装

③放出 5m 左右的电缆，从电缆卷筒底部拉出来，拉到下电箱处（暂不接线）。

④将电缆一圈一圈顺时针放进电缆卷筒中，尽量使每圈一样大，直径略小于电缆卷筒直径（图 6-28）。

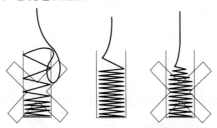

图 6-28 电缆放进天然卷筒中的状况

⑤将电缆的另外一端固定在电缆臂架上，电缆插头插入吊笼内电铃箱插座。

⑥电缆接入下电箱，启动升降机检查电缆是否缠绕。

⑦调整电缆护线架和电缆臂架的位置，保证电缆处于电缆护线架"U"形中心。

⑧导轨架加高时应同步安装电缆护线架（图 6-29）。

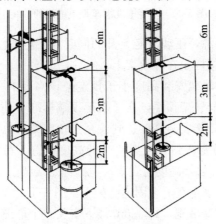

图 6-29 电缆卷筒式护线架的安装位置

（2）电缆滑车型电缆导向装置的安装

①单笼电缆滑车导向装置的安装

a. 采用一根电缆供电

· 完成吊笼供电。安装时因吊笼是带着自由悬挂的电缆，为使电缆不发生扭转和打结，应有人在地面拉送电缆。

· 将吊笼降到地面，切断外电源箱主电源，拆除电缆线与外电源箱的连接。

· 把电缆全部卷好放在笼顶，将电缆的一端从吊笼上垂直放下，顺着底架底面将电缆牵引到下电箱处（图6-30）。

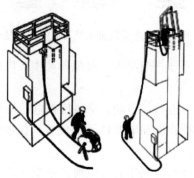

图 6-30　单笼电缆滑车型电缆线的放线

· 接通电源，驱动吊笼上升的同时放下电缆，且每隔 1.5m 用电缆夹将电缆固定在导轨架上。

· 如果导轨架安装高度小于预定架设高度的一半加 3m 时，则把吊笼开到导轨架顶端，在导轨架顶端标准节处安装电缆固定线架；如果导轨架安装高度达到或超过预定架设总高度的一半加 3m 时，则将吊笼开到导轨架一半的高度位置，在导轨架高度的一半加 1m 的导轨架高度位置安装电缆固定线架。

· 把电缆固定在电缆固定线架上（图6-31）

· 缓慢下降吊笼，每隔 6m 停下安装一个电缆护线架。安装时应保证电缆滑车架的两侧板和吊笼电缆臂架均能在电缆护线架的 U 形缺口的橡胶片中通过。

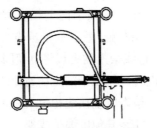

图 6-31　在电缆固定护线架上固定电缆

· 当吊笼下降到与门槛平齐时，用刚性支撑物支撑吊笼，保证在吊笼底下安装电缆滑车时不会出现危险。

· 切断电源，将电缆接入吊笼的一端从电缆臂架上拆下，使其处于自由垂直状态，否则需由安装人员将其顺直。

· 取下电缆滑车一侧的两个滚轮，将电缆滑车安装在吊笼底下方，重新装上滚轮（仅用手拧紧即可）。

· 调整滚轮的偏心轴，使各滚轮与标准节立管之间的间隙为 0.5mm。试拉动电缆滑车，应无卡阻现象。

· 将已顺直好的电缆的自由端穿过电缆滑轮，重新接入吊笼内的电铃盒内。注意，穿线时应保证电缆没有旋扭（图 6-32）。

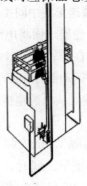

图 6-32　电缆重新接入吊笼电铃盒

· 拆除吊笼下面的支撑物。

· 不提起滑车，在吊笼顶上向上拉直电缆，并再次提拉电缆，使滑车与吊笼底部接触。然后放下被再次提拉起来的电缆一半长度，并夹紧吊笼进线架上的夹板将电缆固定住。

· 卷好剩下的电缆，用胶带固定在笼顶的安全护栏上。

· 接通主电源，检查电缆接线相位是否正确。

· 运行升降机，安装其他电缆护线架。

b. 采用两根电缆供电

· 安装时，由随行电缆向吊笼供电。

· 把吊笼下降到地面，用吊杆将固定电缆吊到吊笼顶部，用一根钢管穿入电缆卷中并固定在笼顶，便于放线。

· 如果导轨架安装高度小于预定架设高度的一半加 3m 时，则把吊笼开到导轨架顶端，在导轨架顶端标准节处安装电缆固定线架；如果导轨架安装高度达到或超过预定架设总高度的一半加 3m 时，则将吊笼开到导轨架一半的高度位置，在导轨架高度的一半加 1m 的导轨架高度位置安装电缆固定线架。

· 拆下随行电缆与底架下电箱的连接，将随行电缆全部收到笼顶。

· 将固定电缆的一端连接在中间接线盒上，另外一端垂直下放至笼外底架，然后顺着底架地面将电缆拉到下电箱处并正确接线，所剩电缆用胶带固定在导轨架上（电缆滑车架位置）。注意：必须保证电缆不与吊笼等运动部件相互干扰。

· 将随行电缆的一端（从电源箱拆下的一端）接到中间接线盒上。

· 缓缓下降吊笼，每隔 1.5m 安装一个卡子，将固定电缆固定在导轨架上，直至降到底层。同时，每隔 6m 安装一个电缆护线架。注意：安装护线架时应保证电缆滑车架的两侧板和吊笼电缆臂架均能在护线架的 U 形缺口的橡胶片中通过。

• 此后执行本节第（十三）条 2.（1）"采用一根电缆供电"安装中的 h 至 q 步骤，只是将其中的"电缆"改为"随行电缆"。

②双笼电缆滑车导向装置的安装

a. 一根电缆供电

• 把两个吊笼都开到最底端，在右笼底下用刚性支撑将吊笼支撑住，确保在吊笼底下安装电缆滑车没有危险。

• 拆除右笼电缆，用起重设备将拆下的电缆吊放在左笼上。

• 驱动左笼。如果导轨架安装高度小于预定架设高度的一半加 3m 时，则把吊笼开到导轨架顶端，在导轨架顶端标准节处安装电缆固定线架；如果导轨架安装高度达到或超过预定架设总高度的一半加 3m 时，则将吊笼开到导轨架一半的高度位置，在导轨架高度的一半加 1m 的导轨架高度位置安装电缆固定线架。

• 把电缆的一端通过右边电缆固定线架并垂直下放到护栏底架，然后顺着底架底面将电缆拉到下电箱内，另一端也垂直下放到地面。

• 驱动左笼缓慢下降，每隔 1.5m 安装一个卡子，把右笼的电缆从电缆固定线架到底架护栏下电箱的一端电缆固定在导轨架上，每隔 6m 安装一个电缆护线架。注意：安装护线架时应保证电缆滑车架的两侧板和吊笼电缆臂架均能在护线架的 U 形缺口的橡胶片中通过。

• 驱动左笼到底端，执行本节第（十三）条 2.（1）"采用一根电缆供电"中的 h 至 q 步骤完成右笼电缆滑车导向装置的安装。

• 按上述方法，利用右吊笼完成左笼电缆滑车导向装置的安装。

b. 两根电缆供电

• 把两个吊笼都开到最底端，在右笼底下用刚性支撑将吊笼支撑住，确保在吊笼底下安装电缆滑车没有危险。

• 拆除右笼随行电缆，用起重设备将拆下的随行电缆和固定电缆都吊放在左笼上。

· 驱动左笼缓慢下降，每隔 1.5m 安装一个卡子，把右笼的电缆从电缆固定线架到底架护栏下电箱的一端电缆固定在导轨架上，每隔 6m 安装一个电缆护线架。注意：安装护线架时应保证电缆滑车架的两侧板和吊笼电缆臂架均能在护线架的 U 形缺口的橡胶片中通过。

· 将固定电缆的一端接在中间接线盒上，另外一端垂直下放到底架护栏，然后顺着底架底面将电缆拉到下电箱内，所剩的电缆用胶带固定在导轨架上（电缆挑线架位置）。

注意：应保证电缆不与吊笼等运动部件干涉。

· 将随行电缆的一端（从下电箱拆下的一端）接到中间接线盒，另外一端沿导轨架缓慢下放到地面。

· 执行本节第（十三）条 2.（1）"采用一根电缆供电"安装中的 e 至 g 步骤，完成右笼电缆滑车导向装置的安装。

· 按上述方法，利用右笼完成左笼电缆滑车导向装置的安装。

③电缆滑车型导向装置的加高

如果加高导轨架后，电缆挑线架的安装高度低于导轨架的一半高度加 3m，那么在再次加高导轨架之前要将挑线架向上移动。方法如下（图 6-33）：

a. 将吊笼开到最底层，放松盘在笼顶上的剩余电缆后，再次锁紧电缆。如果升降机使用一种规格的电缆，则放松的电缆长度等于 3 倍电缆固定线架上移的高度；如果升降机使用两种规格的电缆，则放松的长度等于 2 倍电缆固定线架上移的高度。

b. 驱动吊笼上升，到离电缆固定线架约等于放松长度，把下端电缆连同电缆滑车固定在电缆臂架上，让电缆固定线架不受力。

c. 吊笼继续上行到电缆固定线架位置，并确认电缆固定线架至底架护栏下电箱的电缆固定牢固。如果升降机使用两种规格的电缆，则将盘在固定线架上的固定电缆放松，放松长度等于电缆

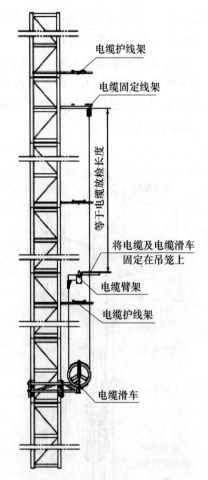

图 6-33　电缆滑车型导向装置的加高

固定线架的上移高度。

　　d. 拆下电缆固定线架，将吊笼开到电缆固定线架的新安装位置，将电缆固定线架装好。

　　e. 将电缆固定在电缆固定线架上。

　　f. 将电缆和电缆滑车慢慢恢复到自由状态。

g. 启动吊笼试运行，检查各部件有无干涉或碰撞。

④专用滑车导轨的电缆导向装置的安装

上面介绍的内容都是将电缆滑车安装在导轨架上，滑车沿导轨架立管运行。但某些特殊情况下不允许电缆滑车沿导轨架立管运行时，则必须安装专用滑车导轨，使电缆滑车沿专用导轨上下运行（图6-34）。其安装方法如下。

a. 初始安装

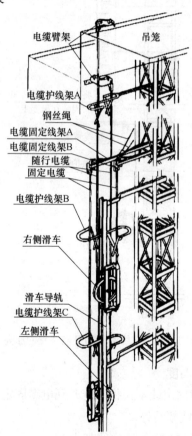

图 6-34　电缆滑车安装在专用导轨上

- 在地面上从电缆卷筒上松开全部随行电缆。
- 将电缆臂架用螺栓固定到吊笼的安装位置。
- 将随行电缆一端穿过电缆臂架，接到吊笼内的电铃盒上，另外一端接到底架护栏上的下电箱上。注意：接线前务必切断供电总电源。
- 接通主电源，按安装程序加高导轨架并安装附墙架，同时安装电缆导向装置。
- 将第一节电缆滑车导轨用两根连接杆固定在导轨架底部。连接杆的一端用螺栓与滑车导轨连接，另一端用螺栓与标准节固定，并在滑车导轨上安装好电缆滑车，使其停靠在导轨底架底部（图 6-35）。

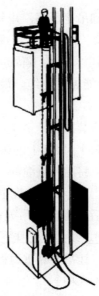

图 6-35　安装底部滑车导轨和滑车

- 向上加装滑车导轨，导轨之间用螺栓连接，并每隔 4.5m 用连接杆以同样的方法固定在导轨架上。如需要调整，可在连接杆和导轨架框架之间垫放调整垫片。上下滑车导轨连接螺栓紧固前，应检查滑车导轨接头处的间隙为 1~3mm。

· 预先逐一拧紧电缆护线架导向片，接触压力为 10.2N（用板弹簧时）。

对于双吊笼升降机，每隔 3m 左右将电缆护线架 A/B 用螺栓安装在滑车导轨上（见图 6-34）。对于单吊笼升降机，每对电缆护线架 A/B 在滑车导轨上的安装间距为 6m 左右。

电缆护线架 A，B 的安装应保证吊笼臂架在两导向片中间通过。

滑车导轨安装加高的高度应达到导轨架最大预定高度的一半再加 4.5m。

· 将固定电缆吊放到吊笼顶部，并下放到地面，下放长度应满足与下电箱连接的要求。然后将电缆逐渐上升，放出所需的固定电缆，并每隔 1.5m 用电缆夹将其固定在导轨架上，直到滑车导轨顶端以上约 1.5m 处能夹住电缆。最后将剩余的电缆盘好挂在导轨架上并绑扎牢固。

· 把电缆固定线架安装在高于滑车导轨顶端 1.5m 处，并把固定电缆的上端接到电缆固定线架上的接线盒中。

· 切断地面总电源。将随行电缆的一端从吊笼内的接线盒上拆下，将该端穿入电缆固定线架的夹板中夹紧，并接到电缆固定线架上的接线盒中。然后，将挂在吊笼进线架上的随行电缆松开，缓缓地让其从电缆固定线架上悬挂下来。

· 用手动松闸方式，让吊笼靠重力慢慢下降，将悬挂着的随行电缆置入电缆护线架 B/A 中。

· 从下电箱上拆下随行电缆的另一端，换接上固定电缆。

· 将随行电缆从下电箱拆下的一端绕过滑车的电缆滑轮，并通过电缆臂架夹紧后，接到吊笼内的接线盒端子上。然后把滑车停在离地面约 0.5m 处，将多余的随行电缆盘好绑扎在笼顶的护栏上。接通总电源（图 6-36）。

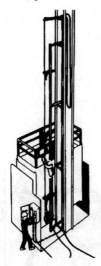

图 6-36 随行电缆的安装

· 在滑车导轨以上的导轨架上，每隔 9m 左右安装一道电缆护线架 A。

· 用润滑脂润滑导轨和滑车的转轴。

b. 加高安装

在施工升降机分段加高架设中，如导轨架高度小于预设高度的一半时，滑车导轨安装高度应比导轨架顶端低 4.5m。如第一次导轨架架设高度为 30m，滑车导轨应安装到 25.5m 的高度，按照这一高度安装的电缆导向装置，在导轨架加高到 25.5＋25.4－4.5＝46.4m 的高度时，仅需在滑车导轨以上部分的导轨架上每隔 6m 安装一道电缆护线架 A，而固定电缆和随行电缆均不需加长。同样，滑车导轨须加高到导轨架顶以下 4.5m 处，即滑车导轨安装加高到导轨架最大预定架设高度的一半减 4.5m。其安装程序如下：

· 把吊笼停在滑车导轨顶端处，稍微松开吊笼上电缆臂架的

149

电缆夹板，将置于笼顶的剩余随行电缆拉出一段，拉出的长度与准备加高导轨架的高度相当，重新夹紧吊笼夹板。

· 吊笼下行，松开绑扎在导轨架上的固定电缆，将原来剩余的固定电缆拉到吊笼顶部。将卸载工具装在电缆固定线架下面的随行电缆上，再将它系挂在电缆臂架上。稍微上升吊笼，使随行电缆的全部质量落在电缆臂架上。然后拆下导轨架上的电缆固定线架，把它放在吊笼顶部（图 6-37）。

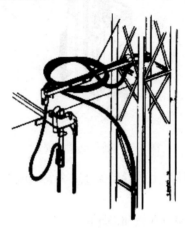

图 6-37　安装随行电缆和固定电缆

· 分段向上驱动吊笼，将固定电缆每隔 1.5m 用电缆夹固定在导轨架上，直到离导轨架顶端 3m 处为止。然后安装电缆固定线架，把多余的固定电缆盘好束挂在导轨架上。

· 拆除挂在吊笼进线架上的随行电缆卸载工具。

· 把滑车导轨加高到电缆固定线架之下 1.5m 处，按原要求装好电缆护线架 A、B、C。

注意：吊笼上下运行必须在吊笼顶部操纵，安装人员应站在顶部的安全区域。安装时，必须切断地面主电源，并始终按下急停按钮。

14. 楼层呼叫系统的安装

安装楼层呼叫系统（图 6-38），便于各楼层与升降机操作人员的通讯联系。其安装方法大体如下：

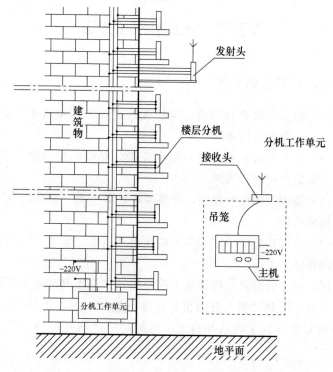

图 6-38　楼层呼叫系统

（1）从电源箱内的分机工作单元的红、黄、蓝接线端（12V）接 3 条电线，沿建筑物高度方向固定在建筑物上。

（2）在需要的楼层安装楼层分机，将分机上的红、黄、蓝 3 根电线与分机工作单元引出对应的 3 条线连接。

（3）在建筑物上靠近导轨架每隔 50～80m 安装一个发射头，将发射头上的红、黄、蓝 3 根线与分机工作单元引出的 3 根线对应连接。

说明：沿建筑物高度方向布置的红、黄、蓝 3 根电线由用户自备，规格为 1mm² 的铜导线。

第五节　施工升降机的拆卸

一、拆卸前的准备

（1）施工升降机拆卸前，应事先检查各机构是否正常运行，确认正常后方可进行拆卸。

（2）施工升降机拆卸前，应事先确认基础部位及附着装置，确认正常后方可进行拆卸。

（3）清理拆卸作业现场，确保现场地面平整、坚实，且不得有任何障碍物。

（4）拆卸现场空中区域应无高压电线电缆，如有，应经有关部门确认或批准。

（5）施工升降机的拆卸施工前应编制"施工升降机装拆施工任务交底单"和"施工升降机拆卸施工组织方案"等技术文件，并经相关领导签字确认和批准。拆卸时应严格按上述文件进行作业。

二、拆卸作业要求

（1）作业人员应仔细阅读并熟悉被拆施工升降机的使用说明书与拆卸技术文件，保证整个拆卸过程严格执行其规定。

（2）现场作业人员进入拆卸现场时应严格遵守现场施工的安全纪律。

（3）按现场实际情况，遵照施工升降机降节的操作规定，将升降机降节到指定高度，同时拆卸相关的附着装置。

（4）根据被拆卸升降机的拆卸程序，逐一地、按部就班地进行升降机的拆卸。

（5）拆卸过程中，应认真检查各部件的连接与紧固情况，发现问题及时处理，以保证拆卸过程的安全。

（6）拆卸完工后应及时对各部件进行清理、打包和运输转移，必要时进行维护保养。

三、拆卸作业程序

施工升降机的拆卸程序与安装程序基本相同，只是顺序相反，在此仅列出拆卸时的重点作业程序。

（1）升降机拆卸时在吊笼顶部操纵。因此首先把操作盒拿到笼顶并正常接线。

（2）在笼顶装上吊杆。

（3）将吊笼驱动到导轨架顶部，拆下上限位开关和极限开关的碰铁。

（4）如升降机配置有对重，则将吊笼缓缓上升至适当高度，把对重平稳停在事先垫好的枕木上，放松钢丝绳。然后从对重和偏心绳具上卸下钢丝绳，用笼顶上的钢丝绳盘盘好所有的钢丝绳；拆卸天轮架。

（5）拆卸导轨架标准节和附墙架，同时拆卸电缆导向装置。

（6）保留 3 个标准节组成最下部导轨架。然后拆除安装吊杆、拆卸吊笼下的缓冲弹簧和底部的下限位开关与极限开关挡块。

（7）在底架上放置两根枕木。

（8）拉起电动机制动器的松闸把手，让吊笼缓缓地滑落在枕木上停稳。切断地面下电箱的总电源，拆除全部电缆。

（9）从导轨架上拆卸并吊离驱动系统。

（10）把吊笼（如有配重，则包括配重）吊离导轨架。

（11）拆卸缓冲弹簧。

（12）拆卸围栏和保留的三节标准节。

（13）拆卸底架。

注意：

（1）在风速超过 12.5m/s 或雷雨天、雪天等恶劣天气时，不允许进行拆卸作业。

（2）拆卸导轨架时，应确保吊笼上的最高处导向轮始终位于被拆卸导轨架标准节接头之下，且吊具和安装吊杆都已经到位。此时，才能拆卸标准节连接螺栓。

（3）在吊笼顶部进行拆卸作业时，除非需要运行吊笼，其他情况下均必须按下操作盒上的急停按钮。

（4）拆卸工作完成后，拆卸下的螺栓、销轴等应分类存放，保管妥当；施工作业时所用的吊具、工具、辅助用具和各类零配件应及时清理。

第七章 施工升降机检查内容与方法

第一节 施工升降机的安装调整及报废标准

一、施工升降机的安装调整

施工升降机安装完毕后进行调整试车是安装工作的重要组成部分，也是不可缺少的一个环节。施工升降机主机就位后（导轨架高度在15m以内），可进行通电试运转检查。检查前，应确认施工现场供给电源的电压和功率是否满足；漏电保护装置应灵敏、可靠；吊笼内的电动机运转方向及启、制动应正常、有效；电源相位保护、电源极限、上下限位、各门限位以及紧急断电等开关均应灵敏、可靠。

1. 导轨架垂直度的调整

吊笼空载降至地面，用经纬仪从两个垂直方向上测量导轨架的安装垂直度。如有必要，可以取三次以上的测量值进行平均，看导轨架的垂直度是否符合规定要求，如不符合要求，可调整附墙架的调节杆或者附墙架的活动支腿，使导轨架的垂直度符合相关规范要求。见表7-1。

表 7-1 导轨架垂直度允许偏差

导轨架高度（m）	$0<h\leqslant40$	$40<h\leqslant70$	$70<h\leqslant100$	$100<h\leqslant150$
垂直度偏差值（mm）	$\leqslant30$	$\leqslant50$	$\leqslant70$	$\leqslant90$
	对钢丝绳式施工升降机，垂直度偏差不大于（1.5/1000）h			

2. 导向滚轮与导轨架立管的调整

松开滚轮的紧固螺母，通过旋转滚轮偏心轴来调整驱动系统及吊笼的导向滚轮间隙，保证滚轮与标准节立管的间隙为 0.2～0.5mm（图 7-1）。调整后必须将螺栓紧固好。

对重导向滚轮、电缆滑车导向滚轮相对于其运行轨道的间隙、背轮与齿条的安装间隙的调整方法上述相同，间隙要求为 0.5mm，见图 7-2。

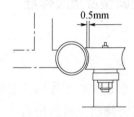

图 7-1　导向滚轮的间隙

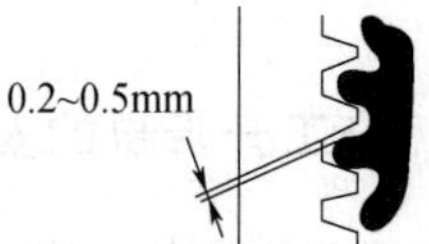

图 7-2　齿轮与齿条的啮合间隙

3. 背轮与齿条的间隙调整

施工升降机沿齿条运行的各背轮，首先应与齿条背面中心线对称，然后应保证其与齿条背面的安装间隙为 0.5mm（图 7-3）。如有偏差则应调整。调整方法与导向滚轮相同，即松开螺母、转动背轮偏心轴。调整完成后应将松开的螺母重新紧固好。

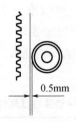

图 7-3　背轮与齿条的安装间隙

4. 上、下限位挡块及减速限位挡块的调整

（1）上限位挡块

调整时在笼顶操作，将吊笼向上提升，当上限位动作时，上部安全距离应不小于 1.8 m。如位置出现偏差，可调整上限位挡块，并用钩头螺栓固定好。

（2）减速限位挡块

调整时在笼内操作，将吊笼下降到吊笼与外笼门平齐时（满载），减速限位挡块应与减速限位接触并有效。如位置出现偏差，应重新安装减速限位挡块，用螺栓固定好。

（3）下限位挡块

调整时使吊笼下降，下限位应与下限位挡块有效接触，使吊笼停住。如位置出现偏差，应调整下限位挡块位置，应用螺栓固定好。

（4）上、下极限限位挡块

上极限开关的安装位置应保证上极限开关与上限位开关之间的越程距离为 0.15 m，如图 7-4 所示。下极限开关的安装位置应保证吊笼在碰到缓冲器之前下极限开关先动作。限位调整时，对于双吊笼施工升降机，一个吊笼进行调整，另一个吊笼必须停机。

图 7-4　上、下极限开关的安装位置

二、防坠安全器的坠落试验

1. 坠落试验的意义

防坠安全器担负着在吊笼失速坠落时制停的重要功能，所有施工升降机事故中，只有坠落才会导致最大程度的伤亡事故，因此必须要保证吊笼安全器的可靠与正常，才能使施工升降机发生伤亡事故的概率降至最低。而定期进行坠落试验，则是检验安全器可靠与否、正常与否的有效手段。

2. 坠落试验

首次使用的施工升降机或转移工地后重新安装的施工升降机，必须在投入使用前进行额定荷载坠落试验。施工升降机投入正常运行后，还需每隔三个月定期进行一次坠落试验，以确保施工升降机的使用安全。坠落试验如图 7-5 所示。

图 7-5　坠落试验

一般程序如下：

（1）在吊笼中加载额定载重量。

（2）切断地面电源箱的总电源。

（3）将坠落试验按钮盒的电缆插头插入吊笼电气控制箱底部的坠落试验专用插座中。

（4）把试验按钮盒的电缆固定在吊笼上电气控制箱附近，将按钮盒设置在地面。坠落试验时，应确保电缆不会被挤压或卡住。

（5）撤离吊笼内所有人员，关上全部吊笼门和围栏门。

（6）合上地面电源箱中的主电源开关。

（7）按下试验按钮盒标有上升符号的按钮（符号↑），驱动吊笼上升至离地面约 3～10 m。

（8）按下试验按钮盒标有下降符号的按钮（符号↓），并保持按住这个按钮。这时，电机制动器松闸，吊笼下坠。当吊笼下坠速度达到临界速度，防坠安全器将动作，把吊笼刹住。

当防坠安全器未能按规定要求动作刹住吊笼，必须将吊笼上电气控制箱上的坠落试验插头拔下，操纵吊笼下降至地面后，查明防坠安全器不动作的原因，排除故障后，才能再次进行试验。必要时需送生产厂校验。

（9）防坠安全器按要求动作后，驱动吊笼上升至高一层的停靠站。

（10）拆除试验电缆。此时，吊笼应无法启动。因当防坠安全器动作时，其内部的电控开关已动作，以防止吊笼在试验电缆被拆除而防坠安全器尚未按规定要求复位的情况下被启动。

3. 防坠安全器动作后的复位

防坠安全器的复位：

（1）防坠安全器动作后，必须对安全器进行调整使其复位。未复位前严禁操作施工升降机。

（2）除坠落试验外，在安全器复位前，应先查明安全器动作的原因，同时须确认：

①电机制动器工作正常。

②蜗轮减速器与联轴器完好。

③吊笼导向滚轮、背轮与齿条工作正常。

④齿轮、齿条完好，啮合正常。

⑤防坠安全器内的微动开关工作正常（复位前，发出上行指令，吊笼不应启动）。

（3）各项检查无误后，切断主电源，按如下程序使防坠安全器复位（图7-6）

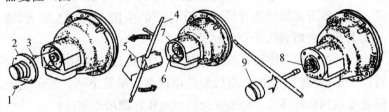

图7-6　防坠安全器动作后的复位

① 拧下螺钉1和盖2。

② 拧下螺钉3。

③ 用专用扳手5和撬动杠杆4松开螺母7，直到销6的末端和安全器的末端齐平为止。此时，限位开关电路接通。

④ 装上螺钉3和盖2。

⑤ 拆下盖9。

⑥ 用手尽量拧紧螺柱8，然后用工具将螺柱8再拧紧30°，听到安全器内"咕"的声音后，必须将螺柱放到最松。

⑦ 装上盖9。

⑧ 接通电源，驱动吊笼上行0.2m，使安全器内的离心块复位，安全器恢复正常。

三、施工升降机主要零部件的技术要求和报废标准

1. 传动齿轮

施工升降机上的齿轮指的是驱动系统上蜗轮减速器输出轴上的驱动齿轮和防坠安全器与齿条相啮合的齿轮。这两个齿轮的模数与齿数完全相同，检测方法和磨损极限尺寸亦一样。传动齿轮

运行一定时间后，齿面磨损，齿形发生变化，传动精度和承载能力下降。因此，有必要定期进行检测，发现磨损量达到规定极限值时，必须更换。

用齿轮公法线千分尺检测传动齿轮的磨损量（图 7-7）：新齿尺寸 37.1mm，磨损极限尺寸为 35.1mm。

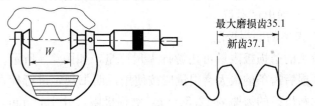

图 7-7　传动齿轮的检测办法和磨损极限尺寸

2. 减速机齿轮

减速机驱动齿轮的更换：

当减速器驱动齿轮齿形磨损达到极限时，必须进行更换，方法如图 7-8 所示。

（1）将吊笼降至地面用木块垫稳。

（2）拆掉电机接线，松开电动机制动器，拆下背轮。

（3）松开驱动板连接螺栓，将驱动板从驱动架上取下。

（4）拆下减速机驱动齿轮外轴端圆螺母及锁片，拔出小齿轮。

（5）将轴径表面擦洗干净并涂上黄油。

（6）将新齿轮装到轴上，上好圆螺母及锁片。

图 7-8　更换减速器驱动齿轮

（7）将驱动板重新装回驱动架上，穿好连接螺栓（先不要拧紧）并安装好背轮。

（8）整好齿轮啮合间隙，使用扭力扳手将背轮连接螺栓、驱动板连接螺栓拧紧，拧紧力矩应分别达到 300 N·m 和 200 N·m。

（9）恢复电机制动并接好电机及制动器接线。

（10）通电试运行。

3. 齿条的磨损极限

齿条的磨损极限量可用游标卡尺测量，如图 7-9 所示。新齿条和磨损后齿条的最大磨损量应按使用说明书规定进行检查。如某厂的新齿条的齿厚为 12.56mm，磨损极限尺寸 10.6mm。用专用的齿条测量量规来检查齿条的磨损时，如果测量中量规可接触到齿厚截面的底部，则应更换齿条。

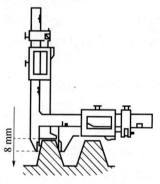

图 7-9　测量齿条的磨损度

齿条的更换：

（1）松开齿条连接螺栓，拆卸磨损或损坏了的齿条，必要时允许用气割等工艺手段拆除齿条及其固定螺栓，清洁导轨架上的齿条安装螺孔，并用特制液体涂定液做标记。

（2）按标定位置安装新齿条，其位置偏差、齿条距离导轨架立管中心线的尺寸，如图 7-10 所示。螺栓预紧力矩为 200 N·m。

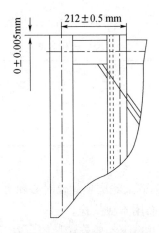

图 7-10 齿条安装位置偏差

4. 滚轮

（1）滚轮的磨损极限（图 7-11）测量方法

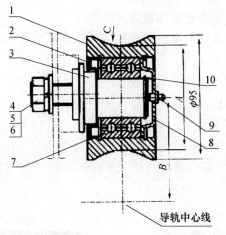

图 7-11 滚轮的极限磨损量

1—滚轮；2—油封；3—滚轮轴；4—螺栓；5—垫圈；

6—垫圈；7—轴承；8—端盖；9—油杯；10—挡圈

A. 滚轮直径；B. 滚轮与导轨架主弦杆的中心距；C. 导轮凹面弧度半径

163

某厂施工升降机使用说明书中滚轮的极限磨损量要求见表 7-2。

表 7-2　滚轮的极限磨损量

测量尺寸	新滚轮（mm）	磨损的滚轮（mm）
A	$\phi 80$	最小 $\phi 78$
B	79 ± 3	最小 76
C	$R40$	最大 $R42$

（2）滚轮的更换

当滚轮轴承损坏或滚轮磨损超差时必须更换。

① 吊笼落至地面用木块垫稳。

② 用扳手松开并取下滚轮连接螺栓，取下滚轮。

③ 装上新滚轮，调整好滚轮与导轨之间的间隙，使用扭力扳手紧固好滚轮连接螺栓，拧紧力矩应达到 200 N·m。

5. 减速机蜗轮和伞齿齿轮

（1）施工升降机减速机的常见类型

现在国内施工升降机的减速机大部分采用的是蜗轮蜗杆减速机和伞齿齿轮减速机。

（2）减速机中蜗轮蜗杆或伞齿齿轮的报废极限要求

对于蜗轮蜗杆减速机蜗轮齿牙的磨损情况可用专用测量尺检测。如图 7-12 所示，当蜗轮齿牙磨损到一半以上时，则必须更换蜗轮蜗杆。对于伞齿齿轮减速机齿轮的磨损情况则可用卡尺检测。如图 7-13 所示，当齿轮磨损到 $B-2A>3$mm 时，必须更换伞齿齿轮。

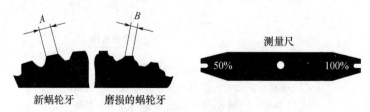

新蜗轮牙　　磨损的蜗轮牙

图 7-12　蜗轮齿牙磨损情况图

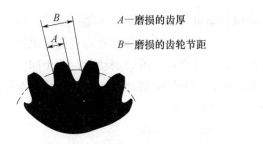

A—磨损的齿厚

B—磨损的齿轮节距

图 7-13　伞齿齿轮磨损情况

6. 制动器的检查和制动片的更换

（1）制动器的结构和工作原理

制动器的结构如图 7-14 所示。

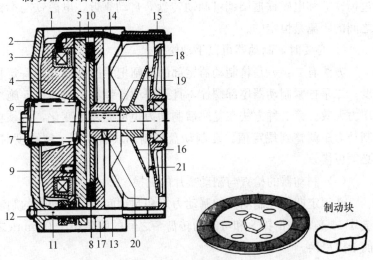

制动块

图 7-14　制动器的结构图

1—电机防护罩；2—端盖；3—磁铁线圈；4—磁铁架；5—衔铁；6—调整轴套；

7—制动器弹簧；8—可制动转盘；9—压缩弹簧；10—制动垫片；11—螺栓；

12—螺母；13—套圈；14—线圈电线；15—电线夹；16—风扇；17—固定制动盘；

18—风扇罩；19—键；20—紧定螺钉；21—端盖

升降机驱动电机尾端处的制动器为常闭式电磁盘式制动器，结构见图7-14，其中的主要部件有：直流电磁铁；可轴线自由移动且端面装有制动垫片的可转制动盘；两个固定式制动盘，其中一个是电磁铁，一个是随制动垫片自动跟踪的衔铁。电磁铁和衔铁之间的距离保持恒定。

（2）制动器的工作原理

① 电磁铁线圈3不通电时，制动器施加制动力矩，制动弹簧7通过可轴向自行移动的衔铁5将制动垫片10压向固定制动盘17上。在电磁铁线圈通电时，制动器松闸。

② 随着制动垫片10的磨损，制动器可持续自动调节，即通过衔铁5和电磁铁框架朝可制动转盘8自动靠近。电磁铁与衔铁之间的距离是恒定的。

③ 必要时，制动器可以手动松闸。

方法有二：一是将制动器尾部的松闸把手向外拉开到一定程度；二是拧紧制动器尾部螺栓，直到制动器弹簧7向衔铁5施加压力无效。第二种方法在复原后制动力矩可能发生变化，必须将制动力矩调整到规定值。在制动盘与制动块磨损到一定程度时，必须更换。

（3）制动器的检查与制动垫片的更换

必须定期检查制动器的制动力矩和制动间隙：制动器的制动垫片10必须在衔铁5和可制动转盘8之间的间隙小于0.5mm之前予以更换。

更换制动垫片的程序如下：

① 拆下防护罩1。

② 测量并做调整轴套6的位置记号，以便在更换好垫片后将调整轴套装到原位。

③ 拆除调整轴套6，取下制动弹簧7。

④ 拧紧螺母12，并旋至螺栓11的末端。

⑤ 将端架 2 拉出紧靠螺母 12。

⑥ 将磁铁架 4 拉出来靠近端盖。

⑦ 用专用工具拆下旧的制动垫片 10，装上新的制动垫片。

⑧ 顺着螺栓 11 将磁铁架 4 推回原处，使衔铁 5 紧靠在新的制动垫片上。

⑨ 推回端盖 2 并拧紧螺母 12。

⑩ 重新装上弹簧 7，并按第（2）标注的记号将调整轴套 6 拧到原位。

⑪ 试用制动器数次，检查其工作正常后，装好防护罩 1。

注意：换制动块时，应 10 块一组同时更换，同组制动块的厚度误差不大于 0.01mm，表面不得沾有污物。

（4）制动器不动作（不松闸）时的检查

如发现制动器不动作（不松闸），应检查如下几个方面：

（1）整流器工作是否正常。

（2）制动器的接触器工作是否正常。

（3）电磁铁线圈电压是否正常（直流，额定值 195V）。

如发现不正常，应更换相应的电气元件。

7. 滑轮

建筑施工所用的升降机上的滑轮安全性要求较高，引导钢丝绳上行的滑轮应设置防止异物进入措施，还要有防止钢丝绳脱槽装置，钢丝绳的偏角不得超过 2.5°，要经常清理润滑，保证灵活转动。

当出现以下任何一种状况时，滑轮必须报废：

（1）滑轮有裂纹，不允许补焊。

（2）滑轮绳槽径向磨损超过原绳径的 5%。

（3）滑轮槽壁磨损超过原尺寸的 20%。

（4）轮槽的不均匀磨损达 3 mm。

（5）轮缘破损。

（6）轴套磨损超过轴套壁厚的 10%。

（7）中轴磨损超过轴径的 2%。

第二节　施工升降机的安装自检与验收

施工升降机安装完毕后，应进行通电试运转和调试并进行自检。自检合格出具自检报告后可约请具有相应资质的第三方检验检测机构进行检测。

安装自检的内容和要求：

安装自检应当按照相关的安全技术规范和使用说明书的要求进行检查，并填写安装自检表。如某单位的相关表格如表 7-3～表 7-7 所示。

表 7-3　施工升降机安装自检表

工程名称		工程地址		
安装单位		安装资质等级		
制造单位		使用单位		
设备型号		登记备案号		
安装日期		初始安装高度	最终安装高度	
检查结果代号说明	√＝合格　O＝整改后合格　×＝不合格　无＝无此项			
名称	序号	检查项目	要求	检查结果	备注
资料检查	1	基础验收表和隐蔽工程资料	应齐全		
	2	安装方案和安全交底记录	应齐全		
	3	转场保养作业单	应齐全		
标志	4	统一编号牌	应设置在规定位置		
	5	警示标志	吊笼内应有安全操作规程，操纵按钮及其他危险处应有醒目的警示标志，应设置限载和楼层标志		

名称	序号	检查项目	要求	检查结果	备注
基础和围栏设施	6	地面防护围栏门连锁保护装置	应装机电连锁装置，吊笼位于底部规定位置时，地面防护门才能打开，地面防护围栏开启后吊笼不能启动		
	7	地面防护围栏	基础上吊笼和对重升降通道周围应设置地面防护围栏，高度≥1.8m		
	8	安全防护区	当施工升降机基础下方有施工作业区时，应加设对重坠落伤人的安全防护区及其他安全防护措施		
金属结构件	9	金属结构件外观	无明显变形、脱焊、开裂和锈蚀		
	10	螺栓连接	紧固件安装准确、紧固可靠		
	11	销轴连接	销轴连接可靠		
	12	导轨架垂直度	符合规范要求		
吊笼	13	紧急逃离门	吊笼顶应有紧急出口，装有向外开启活动板门，并配有专用扶梯，活动板门应设有安全开关，当门打开时，吊笼不能启动		
	14	吊笼顶部围栏	吊笼顶部周围应加设护栏，高度≥1.05m		
传动及导向	15	防护装置	转动零部件的外露部分应有防护罩等防护装置		
	16	制动器	制动性能良好，有手动松闸装置		
	17	齿条对接	相邻两齿条的对接处沿齿高方向的阶差应≤0.3mm，沿长度的齿差应≤0.6mm		
	18	齿轮齿条啮合	齿条应有90%以上的计算宽度参与啮合，且与齿轮的啮合侧隙应为0.2～0.5mm		
	19	导向轮及背轮	连接及润滑应良好，导向灵活，无明显倾斜现象		

续表

名称	序号	检查项目	要求	检查结果	备注
附着装置	20	附着装置	应采用配套标准产品		
	21	附着间距	应符合说明书要求		
	22	自有端高度	应符合说明书要求		
	23	与建筑物连接	应牢固可靠		
安全装置	24	防坠器	只能在有效标定期内使用		
	25	安全钩	应符合说明书或规范要求		
	26	上限位	安装位置，提升速度 $v \leqslant$ 0.8m/s 时，上部安全距离应 $\geqslant$1.8m，提升速度 $v \geqslant$0.8m/s 时，上部安全距离应 $\geqslant$1.8 $+0.1v$		
	27	下限位	安装位置：应在吊笼制动时距下极限开关有一定距离		
	28	上限位开关	极限开关应为非自动复位型，动作时总能切断总电源		
	29	下限位开关	正常情况下，吊笼在碰到缓冲器之前，应首先工作		
电气系统	30	急停开关	应在便于操作处装设非自动复位的急停开关		
	31	绝缘电阻	电动机及电气元件（电子器件部分除外）的对地绝缘电阻 $\geqslant$0.5MΩ，电气线路的对地绝缘电阻应 $\geqslant$1MΩ		
	32	接地保护	电动机和电气设备金属外壳应接地，接地电阻应 $\leqslant$4Ω		
	33	失压、零位保护	灵敏、正确		
	34	电气线路	排列整齐，接地、零位分开		
	35	相序保护装置	应设置		

续表

名称	序号	检查项目	要求	检查结果	备注
对重和钢丝绳	36	电缆与电缆导向	电缆应完好无损，电缆导向装置按规定设置		
	37	钢丝绳	应规格正确，且未达到报废标准		
	38	对重安装	应按说明书要求设置		
	39	对重导轨	接缝平整，导向良好		
	40	钢丝绳端部紧固	应紧固可靠，绳卡规格应与钢丝绳匹配，其数量不得少于3个，间距不小于绳直径的6倍，滑轮应放在受力一侧		

自检结论：

检查人签字：　　　　　　　　　　检查日期：　　年　　月　　日

表7-4　施工升降机安装验收表

工程名称		工程地址	
设备型号		备案登记号	
生产厂家		出厂编号	
出厂日期		安装高度	
安装负责人		安装日期	
检查结果代号说明	√＝合格　O＝整改后合格　×＝不合格　无＝无此项		

名称	序号	检查项目	检查结果	备注
主要部件	1	导轨架、附墙架连接安装齐全、牢固、位置正确		
	2	螺栓预紧力达到技术要求，开口销安装规范		
	3	导轨架安装垂直度符合要求		
	4	结构件无变形、开焊、裂纹		
	5	对重导轨符合说明书要求		

171

名称	序号	检查项目	检查结果	备注
基础和围栏设施	6	钢丝绳规格正确，固定和编结符合标准要求，未达到报废标准		
	7	各部位滑轮转动灵活，可靠，无卡阻现象		
	8	齿条齿轮符合标准要求，保险装置可靠		
	9	各机构运行平稳，无异常响声		
	10	各润滑点润滑良好，润滑油标号正确		
	11	制动器动作灵活可靠		
电气系统	12	供电系统正常，额定电压偏差在规定范围内		
	13	接触器、继电器接触良好		
	14	仪表、照明、报警系统完好可靠		
	15	控制、操作装置动作灵活可靠		
	16	各种电气安全保护装置齐全可靠		
	17	电气系统的绝缘电阻应≥0.5MΩ		
	18	接地电阻≤4Ω		
安全系统	19	防坠安全器在有效标定日期内		
	20	防坠安全器灵敏可靠		
	21	超载保护装置灵敏可靠		
	22	上下限位开关灵敏可靠		
	23	上下极限开关灵敏可靠		
	24	急停开关灵敏可靠		
	25	安全钩完好		
	26	额定载重量标牌牢固清晰		
	27	地面围栏门、吊笼门机电连锁灵敏可靠		
试运行	28	空载	双吊笼施工升降机应分开对两个吊笼进行试验，试运行中吊笼应运行正常，制动正常，无异常现象		
	29	额定载重量			
	30	125%额定载重量			

续表

验收结论：

总承包单位：（盖章）			验收日期　　年　　月　　日	
总承包单位			参加人员签字	
使用单位			参加人员签字	
安装单位			参加人员签字	
监理单位			参加人员签字	
租赁单位			参加人员签字	

表7-5　施工升降机交接班记录表

工程名称		使用单位	
设备型号		备案登记号	
时间		年　　月　　日　　时　　分	
检查结果代号说明		√＝合格　　O＝整改后合格　　×＝不合格　　无＝无此项	

序号	检查项目	检查结果	备注
1	施工升降机通道无障碍物		
2	地面防护围栏门、吊笼门机电连锁完好		
3	各限位挡板位置无移动，性能良好		
4	各限位器器灵敏可靠		
5	各制动器灵敏可靠		
6	清洁良好		
7	润滑充足		
8	各部件紧固无松动		
9	其他		

故障及维修记录：

交班司机签名：	接班司机签名：

表7-6 施工升降机每日检查表

工程名称		使用单位	
设备型号		备案登记号	
租赁单位		工程地址	
检查日期		年　月　日　时　分		
检查结果代号说明	√＝合格　O＝整改后合格　×＝不合格　无＝无此项		

序号	检查项目	检查结果	备注
1	外电源箱总开关、总接触器正常		
2	地面防护围栏门及机电连锁正常		
3	吊笼、吊笼门和机电连锁操作正常		
4	吊笼顶紧急逃离门正常		
5	吊笼及对重通道无障碍物		
6	钢丝绳连接、固定情况正常，松紧一致		
7	导轨架连接螺栓无松动、缺失		
8	导轨架及附墙架无异常移动		
9	齿轮、齿条啮合正常		
10	上、下限位开关正常		
11	极限限位开关正常		
12	电缆线导向架正常		
13	制动器正常		
14	电机和变速箱无异常发热及噪声		
15	急停开关正常		
16	润滑油无渗漏		
17	报警系统正常		
18	地面防护围栏内及吊笼笼顶无杂物		

发现问题：　　　　　　　　　　　　整改情况：

司机签名：

表 7-7　施工电梯月度安全检查表

巡检时间：　　　　　工程名称：　　　　　规格型号：　　　　　生产厂家：　　　　　统一编号：

巡检地点：

检查项目	序号	巡检内容及要求	合格 (√)	不合格 (×)	备注	检查项目	序号	巡检内容及要求	合格 (√)	不合格 (×)	备注
			检查情况						检查情况		
基础	1	有排水措施				钢丝绳	7	钢丝绳端部固定、有防松和门紧性能			
结构件	2	传动齿条连接正确、无断齿、折齿现象					8	基础上吊笼围降通道周围应设防护围栏；地面护栏高度不低于1.5m			
	3	主要结构件没有裂纹、变形和严重腐蚀				防护围栏	9	吊笼应有机电联锁装置，使吊笼只有位于底部规定位置时门栏才能开启，门栏门开启后吊笼门不能启动			
	4	主要结构件连接螺栓齐全紧固、有防松措施					10	吊笼顶部周围应有护栏；高度不低于1m			
	5	导柱管安装正确、接头应张紧螺栓，过桥梁安装间距正确、扣件牢固、无松动现象				导轨架的附着	11	吊笼内应有安全操作规程；操纵按钮及其他危险处			
	6	焊接无开裂脱焊现象				停层层门	12	各停层点应设停层门或停层栏杆			

175

续表

检查项目	序号	巡检内容及要求	检查情况 合格（√）	检查情况 不合格（×）	备注
停层层门	13	层门净高底不低于1.8m，层门的净宽与吊笼净出口宽度之差不得大于12cm			
	14	传动系统的转动零部件应有防护罩等防护装置			
传动系统	15	传动系统和安全器输出端齿轮与齿条啮合时的接触			
	16	背轮、导向轮连接润滑应良好，导向灵活			
制动器	17	应设置常闭式制动器、制动器装置常有手动			
安全装置	18	吊笼应设有安全防坠落器并保证其有效			
	19	高度限位器应设置合理，保证其良好的限位功能			
导轨架的附着	20	导轨架的高度超过最大独立高度时应调整			
	21	运动部件与建筑物和固定施工设备之间的距离不得小于0.25m			
	22	附着装置之间的距离应符合使用说明书要求			
电气系统	23	各类保险装置按要求设置且灵敏可靠			
	24	各交流接触器动作灵敏，触点无烧蚀现象			
	25	各电缆布线整齐捆扎牢靠			
	26	保护零线不得作为载流回路			

续表

检查项目	序号	巡检内容及要求	检查情况 合格（√）	检查情况 不合格（×）	备注
电气系统	27	电源电缆表面无破损及老化现象			
	28	操纵控制应安装非自行复位的急停开关			
	29	电梯笼内应有足够的照明，并设有开机报警电铃			
其他	30	配电箱内应清洁，不应有杂物堆放			

整改由此栏填写

不合格项目序号	整改措施				复检结果	复检时间	整改人
	1						
	2						
	3						
	4						

第八章 施工升降机的维护保养

第一节 维护保养的意义

为了使施工升降机经常处于完好状态和安全运转状态，避免和消除在运转工作中可能出现的故障，提高施工升降机的使用寿命，必须及时正确地做好维护保养工作。

（1）施工升降机工作状态中，经常遭受风吹雨打、日晒的侵蚀，灰尘、砂土的侵入和沉积，如不及时清除和保养，将会加快机械的锈蚀、磨损，使其寿命缩短。

（2）在机械运转过程中，各工作机构润滑部位的润滑油及润滑脂会自然损耗，如不及时补充，将会加重机械的磨损。

（3）机械经过一段时间的使用后，各运转机件会自然磨损，零部件间的配合间隙会发生变化，如果不及时进行保养和调整，磨损就会加快，甚至导致完全损坏。

（4）机械在运转过程中，如果各工作机构的运转情况不正常，又得不到及时的保养和调整，将会导致工作机构完全损坏，大大降低施工升降机的使用寿命。

为了使施工升降机经常处于完好状态和安全运转状态，避免和消除在运转中可能出现的故障，提高施工升降机的使用寿命，必须及时正确地做好维护保养工作。

第二节 维护保养的方法

维护保养一般采用"清洁、紧固、调整、润滑、防腐"等方法，通常简称为"十字作业"法。

1. 清洁

清洁是指对机械各部位的油泥、污垢、尘土等进行清除等工作。目的是减少部件的锈蚀、运动零件的磨损，保持良好的散热和为检查提供良好的观察效果等。

2. 紧固

紧固是指对连接件进行检查紧固等工作。机械运转中产生的振动，容易使连接件松动，如不及时紧固，不仅可能漏油、漏电等，有些关键部位的连接松动，轻者导致零件变形，重者会出现零件断裂、分离，甚至导致机械事故。

3. 调整

调整是指对机械零部件的间隙、行程、角度、压力、松紧、速度等及时进行检查调整，以保证机械的正常运行。尤其是要对制动器、减速机等关键机构进行适当调整，确保其灵活可靠。

4. 润滑

润滑是指按照规定和要求，选用并定期加注或更换润滑油，以保持机械运动零件间的良好运动，减少零件磨损。

5. 防腐

防腐是指对机械设备和部件进行防潮、防锈、防酸等处理，防止机械零部件和电气设备被腐蚀损坏。最常见的防腐保养是对机械外表进行补漆或涂上油脂等防腐涂料。

第三节　维护保养的安全注意事项

在进行施工升降机的维护保养和维修时，应注意以下事项：

（1）应切断施工升降机的电源，拉下吊笼内的极限开关，防止吊笼被意外启动或发生触电事故。

（2）在维护保养和维修过程中，不得承载无关人员或装载物料，同时悬挂检修停用警示牌，禁止无关人员进入检修区域内。

（3）所用的照明行灯必须采用 36 V 以下的安全电压，并检查行灯导线、防护罩，确保照明灯具使用安全。

（4）应设置监护人员，随时注意维修现场的工作状况，防止安全事故发生。

（5）检查基础或吊笼底部时，应首先检查制动器是否可靠，同时切断电动机电源。将吊笼用木方支起，防止吊笼或对重突然下降伤害维修人员。

（6）维护保养和维修人员必须戴安全帽；高处作业时，应穿防滑鞋，系安全带。

（7）维护保养后的施工升降机，应进行试运转，确认一切正常后方可投入使用。

第四节　维护保养的内容

一、施工升降机维护保养的种类

施工升降机维护保养可以分为以下三种：

1. 日常维护保养

日常维护保养，又称为例行保养，是指在设备运行的前、后和运行过程中的保养作业，日常维护保养由设备操作人员进行。

2. 定期维护保养

月度、季度及年度的维护保养，以专业维修人员为主，设备操作人员配合进行。

3. 特殊维护保养

施工机械除日常维护保养和定期维护保养外，在转场、闲置等特殊情况下还需进行维护保养。

（1）转场保养：在施工升降机转移到新工地安装使用前，需进行一次全面的维护保养，保证施工升降机状况完好，确保安装、使用安全。

（2）闲置保养：施工升降机在停放或封存期内，至少每月进行一次保养，重点是清洁和防腐，由专业维修人员进行。

二、施工升降机维护保养的内容

1. 日常维护保养的内容

每班开始工作前，应当进行检查和维护保养，包括目测检查和功能测试，有严重情况的应当报告有关人员进行停用、维修，检查和维护保养情况应当及时记入交接班记录。检查一般应包括以下内容：

（1）电气系统与安全装置

① 检查线路电压是否符合额定值及其偏差范围；

② 机件有无漏电；

③ 限位装置及机械电气连锁装置工作是否正常、灵敏可靠。

（2）制动器

检查制动器性能是否良好，能否可靠制动。

（3）标牌

检查机器上所有标牌是否清晰、完整。

（4）金属结构

① 检查施工升降机金属结构的焊接点有无脱焊及开裂；

② 附墙架固定是否牢靠；

③ 停层过道是否平整；

④ 防护栏杆是否齐全；

⑤ 各部件连接螺栓有无松动。

（5）导向滚轮装置

① 检查侧滚轮、背轮、上下滚轮部件的定位螺钉和紧固螺栓有无松动；

② 滚轮是否转动灵活，与导轨的间隙是否符合规定值。

（6）对重及其悬挂钢丝绳

① 检查对重运行内有无障碍物，对重导轨及其防护装置是否正常完好；

② 钢丝绳有无损坏，其连接点是否牢固。

（7）地面防护围栏和吊笼

① 检查围栏门和吊笼门是否启闭自如；

② 通道区有无其他杂物堆放；

③ 吊笼运行区间有无障碍物，笼内是否清洁。

（8）电缆和电缆引导器

① 检查电缆是否完好无破损；

② 电缆引导器是否可靠有效。

（9）传动、变速机构

① 检查各传动、变速机构有无异响；

② 蜗轮箱油位是否正常，有无渗漏现象；

③ 检查润滑系统有无漏油、渗油现象。

2. 月度维护保养的内容

月度维护保养除按日常维护保养的内容和要求进行外，还要按照以下内容和要求进行。

（1）导向滚轮装置

检查滚轮轴支承架紧固螺栓是否紧固。

（2）对重及其悬挂钢丝绳

① 检查对重导向滚轮的紧固情况是否良好；

② 天轮装置工作是否正常可靠；

③ 钢丝绳有无严重磨损和断丝。

（3）电缆和电缆导向装置

① 检查电缆支承臂和电缆导向装置之间的相对位置是否正确；

② 导向装置的弹簧功能是否正常；

③ 电缆有无扭曲、破坏。

（4）传动、减速机构

① 检查机械传动装置安装紧固螺栓有无松动，特别是提升齿轮副的紧固螺钉有无松动；

② 电动机散热片是否清洁，散热功能是否良好；

③ 减速器箱内油位有无降低。

（5）制动器

检查试验制动器的制动力矩是否符合要求。

（6）电气系统与安全装置

① 检查吊笼门与围栏门的电气机械连锁装置，上下限位装置，吊笼单行门、双行门连锁等装置性能是否良好；

② 导轨架上的限位挡铁位置是否正确。

（7）金属结构

① 重点查看导轨架标准节之间的连接螺栓是否牢固；

② 附墙结构是否稳固，螺栓有无松动，表面防护是否良好，有无脱漆和锈蚀，构架有无变形。

3. 季度维护保养的内容

季度维护保养除按月度维护保养的内容和要求进行外，还要按照以下内容和要求进行。

（1）导向滚轮装置

① 检查导向滚轮的磨损情况；

② 确认滚珠轴承是否良好，是否有严重磨损，调整与导轨之间的间隙。

（2）检查齿条及齿轮的磨损情况

① 检查提升齿轮副的磨损情况，检测其磨损量是否大于规定的最大允许值；

② 用塞尺检查蜗轮减速器的蜗轮磨损情况，检测其磨损量是否大于规定的最大允许值。

（3）电气系统与安全装置在额定负载下进行坠落试验，检测防坠安全器的性能是否可靠。

4. 年度维护保养的内容

年度维护保养应全面检查各零部件，除按季度维护保养的内容和要求进行外，还要按照以下内容和要求进行。

（1）传动、减速机构：检查驱动电机和蜗轮减速器、联轴器结合是否良好，传动是否安全可靠。

（2）对重及其悬挂钢丝绳：检查悬挂对重的天轮装置是否牢固可靠，查看天轮轴承磨损程度，必要时应调换轴承。

（3）电气系统与安全装置：复核防坠安全器的出厂日期，对超过标定年限的，应通过具有相应资质的检测机构进行重新标定，合格后方可使用。此外，在进入新的施工现场使用前应按规定进行坠落试验。

第五节　施工升降机的润滑

施工升降机在新机安装后，应当按照产品说明书要求进行润滑，说明书没有明确规定的，使用满40h应清洗并更换蜗轮减速箱内的润滑油，以后每隔半年更换一次。蜗轮减速箱的润滑油应按照铭牌上的标注进行润滑。对于其他零部件的润滑，当生产厂无特殊要求时，可参照表8-1进行。

表 8-1　润滑油/脂选择参照表

名称	种 类	工作范围	黏度 40℃	国产	Mobil	SHELL
蜗轮变速箱	润滑油 (SH0094)	0~40℃	288~352	L-CKE/P 320 蜗轮油	Mobilgear 636 GX140	Shell Omala Oi1680
		−20~25℃	198~242	L-CKE/P 220 蜗轮油	Mobilgear 630 GX140	Shell Omala Oi1220
常规用途	润滑油 (GB5903)	0~40℃	135~165	L-CKB 150 齿轮油	MobiI Glygoyle 30	Shell Tivela OiI WB
	润滑脂			钙基润滑脂 (GB491) 锂基润滑脂 (GB7324)	Mobilux 3	Shell AIvania Grease R3

结构件及其他零部件的润滑。

施工升降机的结构件和其他零部件的各部位的润滑应参照表 8-2 和图 8-1 的规定进行。

表 8-2　施工升降机结构件和其他零部件润滑表

周期	项目	润滑部位	润滑剂	用量	备　注
每周	1	减速器	按减速器说明书使用		检查油位必要时添加
	2	齿轮齿条	2♯钙基润滑脂		涂刷
	3	对重滑道	2♯钙基润滑脂		涂刷
	4	导轨架主弦管 (Q76)	2♯钙基润滑脂		涂刷
每月	5	安全器	2♯钙基润滑脂		油枪加注
	6	滚轮	2♯钙基润滑脂		油枪加注
	7	背轮	2♯钙基润滑脂		油枪加注
	8	门导向轮及门滑轮	2♯钙基润滑脂		涂刷
	9	对重导向轮	2♯钙基润滑脂		油枪加注
	10	门滑道及门配重滑道	2♯钙基润滑脂		涂刷
每季	11	天窗铰链	2♯钙基润滑脂		油枪加注
	12	电箱铰链	20♯齿轮油		滴注
	13	电机制动器锥套	20♯齿轮油		滴注,切勿滴到摩擦盘上
每半年	14	减速器	按减速器说明书使用	2.2L	清洗后更换润滑油

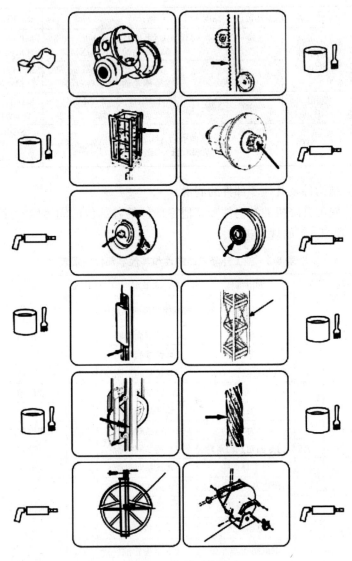

图 8-1　润滑示意图

第九章　施工升降机的常见故障及处理方法

施工升降机在使用过程中发生故障的原因很多，主要是因为工作环境恶劣，维护保养不及时，操作人员违章作业，零部件的自然磨损等多方面原因。施工升降机发生异常时，操作人员应立即停止作业，及时向有关部门报告。以便及时处理，消除隐患，恢复正常工作。

施工升降机的常见故障分为电气系统故障和机械系统故障两大部分。

从事施工升降机维修保养和故障排除的工作人员必须具有相关资质证书。对吊笼进行维修时，必须事先切断总电源。

第一节　电气系统的常见故障与处理方法

由于电气线路、元器件、电气设备，以及电源系统等发生故障，造成用电系统不能正常运行，称为电气故障。

一、电气系统故障检查

电气系统故障检查的要求和程序如下：

（1）诊断电气系统故障前，维修人员必须详细了解电气原理图和图上所有电气元件的结构和作用，同时应确认：

① 停机控制电路没有断开，即热继电器没有动作。

② 防坠安全器微动开关、吊笼门开关、护栏门开关等安全开关的触头处于闭合状态。

③ 急停开关未被按下。

④ 极限开关处于正常状态，没有动作。

⑤ 上下限位开关完好，未被触发。

（2）在地面停层处检查下电箱，确认三相电源接通。

（3）检查下电箱内主开关（自动空气开关）。该开关打开时，箱内主接触器应该接通，电缆应该通电。

（4）确认电源正常后，进行吊笼内电气系统的故障检查。

（5）将电压表连接在零位端子和电气原理图上标明的端子上，检查该通电的部位是否有电。分端子逐步测试，以确定故障位置。

（6）检查操纵按钮和控制装置发出的"上""下"指令（电压信号）是否正确传送到电控箱。

（7）试运行吊笼，确认上/下运行主接触器动作正常，确认制动接触器动作正常且制动器制动。

（8）按上述方法检查照明等辅助电路。

二、电气系统常见故障分析与排除（表 9-1）。

表 9-1　电气系统常见故障分析与排除

故障现象	原因所在	故障诊断解决
1. 总电源开关合闸即跳	电路内部损伤，短路或相线对地短接	找出电路短路或接地的位置，修复或更换
2. 安全断路器跳闸	电缆、限位开关损坏；电缆短路或对地短接	更换损坏电缆、限位开关
3. 施工升降机突然停止或不能启动	停机电路及限位开关被启动；安全断路器启动	释放"紧急按钮"；恢复热继电器功能；恢复其他安全装置
4. 启动后吊笼不运行	连锁电路开路	关闭或释放"紧急按钮"；检查连锁控制电路
5. 电源正常，主接触器不吸合	有个别限位开关没复位；相序接错；元件损坏或线路开路、断路	复位限位开关；相序重新连接；更换元件或修复线路

续表

故障现象	原因所在	故障诊断解决
6. 电动机启动困难，并有异常响声	电机制动器未打开或无直流电压（整流元件损坏）； 严重超载； 供电电压远低于 380V	恢复制动器功能（调整工作间隙）或恢复直流电压（更换整流元件）； 减少吊笼荷载； 恢复供电电压到 380V
7. 运行时，上/下限位开关失灵，电源极限开关有效	上/下限位开关损坏； 上/下限位碰块移位	更换上/下限位开关； 恢复上/下限位碰块位置
8. 操作时，动作不正常	线路接线不好或端子接线松动； 接触器粘连或复位受阻	恢复线路接触性能，紧固端子接线； 修复或更换接触器
9. 吊笼停机后，可重新启动，但随后再次停机	控制装置（按钮，手柄）接触不良，松弛； 相序继电器松动； 门限位开关与挡板错位	恢复或更换控制装置（按钮，手柄）； 紧固相序继电器； 恢复门限位开关挡板位置
10. 吊笼上/下运行时有自停现象	上/下限位开关接触不良或损坏； 严重超载； 控制装置（按钮、手柄）接触不良或损坏	修复或更换上/下限位开关； 减少吊笼荷载； 修复或更换控制装置
10. 接触器易烧毁	供电电源压降太大，造成启动电流过大	缩短供电电源与施工升降机的距离或加大供电电缆截面
11. 电机过热	制动器工作不同步； 长时间超载运行； 启、制动过于频繁； 供电电压过低	调整或更换制动器； 减少吊笼荷载； 适当调整运行时间； 调整供电电压

第二节　机械系统常见故障及处理办法

由于机械零部件磨损、变形、断裂、卡塞、润滑不良以及相对位置不正确等造成的机械系统不能正常运行，称为机械故障。机械故障一般比较明显、直观，容易判断。参见表 9-2。

表 9-2　施工升降机常见机械故障现象、故障原因及排除方法

常见故障	可能原因	处理办法
1. 减速器漏油	减速器密封件损坏	漏油轻微，打开放油螺塞，将油排出
		漏油严重，更换密封件
2. 吊笼运行不平稳	滚轮未调整好	调整偏心轴，使滚轮与立柱管间隙为 0.5mm
	驱动齿轮磨损超标	更换驱动齿轮
	减速器轴弯曲	更换减速器轴
	齿条损坏或齿条间过渡不好	检查、更换齿条
	齿条齿轮啮合不良	调整滚轮保证齿线平行，齿侧隙 0.2～0.5mm
3. 吊笼启、制动时，动作异常猛烈	电机制动器动作不同步	调整制动器达到同步或清理制动器
	驱动板连接部位松动	拧紧连接螺栓，更换缓冲垫片
	电机制动力矩过大	检查制动力矩并放松至合理值
4. 制动器无动作或动作滞后	制动电路出现故障	检查制动电路，排除故障
	制动块磨损超标	更换制动块
	拉手上的螺母拧得太紧	拧松螺母，退至开口销处
	制动器有卡阻	清理、润滑制动器
5. 减速器发热严重或有异响	减速器润滑油，油量不足	补充润滑油（N320 蜗轮油）
	蜗轮、蜗杆磨损	检查更换蜗轮、蜗杆
	联轴节损坏	检查、修复联轴节
	轴承损坏	更换轴承
	输出轴弯曲	更换输出轴
6. 吊笼启动困难，电机发热严重	电源功率不足，电压降过大	停机，电压正常后继续使用
	制动器动作不正常	检查、修复制动器
	超载	禁止超载
7. 滚轮卡阻，异响	轴承损坏	更换轴承并保证润滑
	滚轮磨损超标	更换滚轮

续表

常见故障	可能原因	处理办法
8. 钢丝绳磨损严重或有断丝现象	钢丝绳润滑不良	按要求润滑
	天轮工作异常	检查、修复天轮
	使用寿命已到	更换钢丝绳
9. 漏电保护开关动作频繁	电器绝缘性不良	检查各电器接地电阻，修理或更换
10. 单极开关跳闸	电路短路或漏电	检修电路
	动作电流过低	调整动作电流或更换
11. 交流接触器粘连	交流接触器触点烧结	更换交流接触器
12. 供电电源及控制电路正常，电机不工作	电缆断股	检修电缆，可靠连接
	电机内一组线圈烧坏	检修电机
13. 吊笼墩底	超载	禁止超载
	下限位和极限限位开关不正常	按要求检查各限位开关，保证使其处于正常工作状态
14. 吊笼不能启动	护栏门限位动作不正常	检修护栏门、天窗、单开门、双开门限位
	天窗、单开门、双开门限位动作不正常	
	电锁未打开或急停开关未旋出	打开电锁或旋出急停开关
	吊笼未送电	给吊笼送电
	总极限开关动作	手动复位总极限开关
15. 吊笼启动困难	设备离电源距离太远，电缆截面过小，造成电压损失过大	缩短电源距离或增加电缆截面积
	电源质量不行，电压过低或缺相	改善电源质量，防止缺相运行
16. 吊笼下滑	超载	减轻荷载
	制动器太松	重新调整制动器
	电压过低	改善电源质量

第十章 施工升降机典型事故案例分析

案例一

××××年×月×日 17 时 35 分左右，×市某工程施工现场发生施工升降机坠落事故，一台 SC200/200 型施工升降机自 18 层楼处坠落，机内共有 8 人，坠落发生后被立即送往医院，经抢救无效全部死亡。

一、事故经过

××××年×月×日，该施工升降机初始安装，共安装 33 节导轨架标准节，架设了 5 道附墙架，高度达到 17 层楼高。7 月 14 日，根据施工需要进行加节作业，加装了 12 节导轨架标准节，高度达到 23 层，在第 18 层顶端水平梁上架设了第 6 道附墙架。事发时本次加节作业尚未完成，第 34 节和第 35 节连接处（位于第 18 层楼）只在对角处安装了 2 个（东北、西南），第 35 至 45 节导轨架中只有第 39 节标准节两个端面安装了 4 个螺栓，其他端面均只安装了对角的 2 个螺栓；第 36 节之上安装 9 节标准节，共 14.25m，未装附墙架；在第 38 节与第 39 节之间（位于第 19 层楼处）装有上限位碰铁（上限位开关尚未触碰上限位碰铁），但没有安装上极限碰铁。

×月×日，17 时 35 分，7 名木工拟到 24 层进行模板支护作业，连同 1 名瓦工（工地指定施工升降机操作人员，无升降机操作资格证书)一起乘施工升降机西侧吊笼上行至约 19 层楼时,施工升降机导轨架上端发生倾覆,第 36 节标准节的中框架上所连接的第 6 道附墙架的小连接杆耳板断裂、大连接杆后端水平横杆撕裂,导轨架自第 34 节和第 35 节连接处断开,施工升降机西侧吊笼及与之相连的第 35 至 45 节标准节坠落地面,8 名乘坐施工升降机的人员随之一同坠落地面,造成 8 人死亡。

二、事故原因分析

1. 直接原因

(1) 在施工升降机本次加节作业尚未完成、未经验收的情况下,使用单位的施工升降机操作者搭载 7 名施工人员上行到第 19 层楼,超过了安全使用高度。

(2) 在导轨架第 34、35 节标准节连接处只有对角 2 个连接螺栓,达不到安装要求。

(3) 第 6 道附墙架未安装可调连接杆,大连接杆的后水平横杆拼接补焊,不符合设计要求。

(4) 使用说明书要求导轨架自由端高度不大于 7.5m,第 6 道附墙架以上导轨架自由端高度达到 14.25m,增加了自由端对导轨架中心产生的倾覆力矩(不平衡弯矩)。当西侧吊笼上行至第 19 层楼时,吊笼和人员质量及导轨架自由端附加弯矩对导轨架中心产生的倾覆力矩作用在第 6 道附墙架上,超出了附墙架的承载能力,致使附墙架断裂;第 35、36 节标准节连接面产生分离趋势,第 36 节以上的导轨架及吊笼向西倾覆,倾覆力矩瞬间增加,导致第 35 节以上导轨架失稳,第 34 节(东南角)上部和第 35 节(西北角)下部标准节撕裂,第 34 节和第 35 节标准节连同吊笼及上部导轨架倾覆坠落。

2. 间接原因

(1) 施工单位管理混乱,安全生产主体责任不落实。该施工单位安全生产责任制，安全管理规章制度不健全，未严格落实教育培训制度，未按规定定期组织事故应急演练；施工项目部机构不健全、管理人员不到位，安排不具备项目经理资格的××为项目负责人履行项目经理职责；在原《施工许可证》已废止、未重新申办《施工许可证》的情况下擅自开工建设；将承包工程全部肢解转包给个人施工；公司总部未对工程项目部施工现场管理情况进行过安全检查，未能及时发现问题并整改，事故施工升降机安装、使用过程中存在违规行为。

（2）该项目部未能有效履行项目部管理职责。该施工项目部没有明确安全管理人员，没有建立安全生产规章制度，对各承包人承建的施工现场"以包代管"，安全管理基本失控，未落实现场施工人员教育培训制度，未按规定组织应急演练，没有开展班组安全技术交底，未审核施工升降机安装单位和安装人员资质、专项施工方案；对监理单位申报的施工升降机安装单位和人员资质、报检手续不全等问题未采取有效措施予以解决，致使施工升降机违规投入使用。

（3）施工承包人安全意识极其淡薄，未组织进场施工人员安全教育培训，未进行必要的班组技术交底；明知该设备租赁公司无施工升降机安装资质仍与其签订租赁安装协议，由其进行施工升降机安装；在施工升降机未进行自检、专业检验检测和使用、租赁、安装、监理等单位"四方"验收的情况下，违规使用施工升降机，且安排无操作资格人员操作施工升降机；对监理单位提出的监理通知单要求整改事项置之不理，对施工现场安全管理不到位，致使现场存在大量事故隐患。

（4）设备租赁单位安全生产主体责任严重不落实。严重违反施工升降机安装使用有关规定。无安装资质承揽施工升降机安装业务，违规从事起重机械安装作业；施工升降机安装作业未编制专项施工方案，也未按要求向主管部门告知，且安排无施工升降机安拆作业资质的人员参与安装作业。安装完成后，未严格按要求进行自检、专业机构检验检测，也未经过使用单位、租赁单位、安装单位、监理单位四方联合验收，即默认使用单位投入使用。加节作业时，违规使用不合格附墙架，施工升降机加节和附着安装不规范，加装的部分标准节只有两个螺栓连接，自由端高度严重超标，未使已安装的部件达到稳定状态并固定牢靠的情况下停止了安装作业，也未采取必要的防护措施、没有设置明显的禁止使用警示标志。

三、事故教训

设备安装、使用单位内部管理混乱，企业领导安全意识淡薄，不遵守有关安全的法律法规，导致事故发生。

（1）设备租赁公司单位无安装资质承揽施工升降机安装业务，未制订安装方案和安全技术措施，也未进行安全技术交底，还安排无证人员安装设备。违反了《建设工程安全生产管理条例》第十七条"施工起重机械安装完毕后，安装单位应当自检，出具自检合格证明，并向施工单位进行安全使用说明，办理验收手续并签字"的规定。

（2）设备使用单位在施工升降机未进行自检、专业检验检测和使用、租赁、安装、监理等单位"四方"验收的情况下，违反了《建设工程安全生产管理条例》第三十五条"施工单位在使用施工起重机械前，应当组织有关单位进行验收"的规定。违规使用施工升降机，且安排无操作资格人员操作施工升降机，违反了《建筑起重机械安全监督管理规定》第二十五条有关建筑起重机械安装拆卸工、起重信号工、起重司机、司索工等特种作业人员应当经建设主管部门考核合格，并取得特种作业操作资格证后，方可上岗作业的规定。

案例二

××××年×月×日 13 时 10 分许，×市某建筑工地 1 号楼发生一起施工升降机坠落、造成 19 人死亡的重大建筑施工事故，直接经济损失约 1800 万元。

一、事故经过

事故设备为 SCD200/200 型施工升降机，有左右对称两个吊笼，额定载重为 2×2t，备案额定承载人数为 12 人，最大安装高度为 150m。

××××年×月×日，事故施工升降机开始安装，安装完毕后进行了自检。初次安装并经检测合格后，设备安装单位对该施工升降机先后进行了 4 次加节和附着安装，共安装标准节 70 节，附着 11 道。其中最后一次安装是从第 55 节标准节开始加节和附着两道，时间为××××年 7 月 2 日。每次加节和附着安装均未按照专项施工方案实施，未组织安全施工技术交底，未按有关规定进行验收。

××××年×月×日 11 时 30 分许，升降机司机将施工升降机左侧吊笼停在下终端站，按往常一样锁上电锁拔出钥匙，关上护栏门后下班。当日 13 时 10 分许，司机仍在宿舍正常午休期间，提前到该楼顶楼施工的 19 名工人擅自将停在下终端站的 C7－1 号楼施工升降机左侧吊笼打开，携施工物件进入左侧吊笼，操作施工升降机上升。该吊笼运行至 33 层顶楼平台附近时突然倾翻，连同导轨架及顶部 4 节标准节一起坠落地面，造成吊笼内 19 人当场死亡。

二、事故原因分析

1. 直接原因

（1）事故发生时，事故施工升降机导轨架第 66 和 67 节标准节连接处的 4 个连接螺栓只有左侧两个螺栓有效连接，而右侧受力边两个螺栓的螺母脱落，无法受力。

（2）事故升降机左侧吊笼超过备案额定承载人数 12 人，承载 19 人和约 245kg 物件，整整超载了 7 个人。

（3）事发时，升降机专业操作人员不在吊笼内，由施工工人无证操作。

（4）升降机在上升过程中突然失控直接冲到最顶层，可以看出该升降机的上限位已损坏或缺失。除此之外，该升降机以自由落体式坠落，这也说明了该升降机的防坠安全器失效或未安装。

（5）该 SCD200/200 型施工升降机截至事故发生已超过期限 3 个多月还在使用。

2. 间接原因

（1）施工单位违反国家相关法律法规及规章制度非法使用已过期的施工升降机；未按照大型施工机械设备管理规章制度进行施工现场大型机械及设备的定期检查与保养检修工作；对升降机司机的三级安全教育培训未做到位，导致操作失误，造成重大事故；对现场一般作业人员的三级安全教育的培训也没有做到位，导致作业人员安全意识不够，认识不到危险源的存在；对现场的安全管理有所欠缺，对现场安全巡查力度不够，因而未能及时发现危险源，从而未能提前采取有效措施避免事故的发生。

（2）监理单位没有对施工升降机严格把关，在没有对超出使用寿命的升降机审查认可的情况下即同意施工，没有具体措施，工作失职，导致工人在存在重大事故隐患的升降机上进行日常作业，是造成这起事故的重要原因。

（3）施工升降机安装单位，又是施工设备的提供商，未对设备进行必要的检修，对已超出有效期工作期限 3 个多月的升降机仍投入使用，最终导致惨剧的发生。

三、事故教训

（1）按照相关流程，升降机属于特种设备，其租赁和安装单位要具备相应资质，聘用的安装人员须执证上岗。安装和拆除时，施工现场项目负责人和安装公司负责人必须在场，安装完毕后，要经过国家质检总局发证的检验机构检验，检验合格后，再向行政主管单位登记备案。

（2）在设备的使用过程中，应建立多层次的设备安全专项管理网络，由使用单位、租赁单位沟通组建安全督查小组，对设备进行定期检查，对存在的安全隐患及时维修整改，由责任人填写并签署检查维修记录。现场专职设备管理人员应通过学习提高职业责任心，提高专业技术水平，在日常的生产中进行行之有效的安全管理，对操作人员进行安全教育和技术交底。

（3）任何事故发生的原因无非是物的不安全状态、人的不安全行为和管理上的缺陷，而人和物是可以通过管理来控制的。因此，加强管理是杜绝各类事故发生的唯一有效途径。

附录 法律法规和规章制度

为加强对建筑施工特种作业人员的管理和教育，防止和减少生产安全事故，国家、省、市、行业主管部门都相应制定了较为完善的法律法规和规章制度。下面选摘了部分法律法规和规章制度的相关条款，以供学习时查阅。

《中华人民共和国安全生产法》（2014年修订）有关规定

第六条 生产经营单位的从业人员有依法获得安全生产保障的权利，并应当依法履行安全生产方面的义务。

第十七条 生产经营单位应当具备本法和有关法律、行政法规和国家标准或者行业标准规定的安全生产条件；不具备安全生产条件的，不得从事生产经营活动。

第二十五条 生产经营单位应当对从业人员进行安全生产教育和培训，保证从业人员具备必要的安全生产知识，熟悉有关的安全生产规章制度和安全操作规程，掌握本岗位的安全操作技能，了解事故应急处理措施，知悉自身在安全生产方面的权利和义务。未经安全生产教育和培训合格的从业人员，不得上岗作业。

生产经营单位使用被派遣劳动者的，应当将被派遣劳动者纳入本单位从业人员统一管理，对被派遣劳动者进行岗位安全操作规程和安全操作技能的教育和培训。劳务派遣单位应当对被派遣劳动者进行必要的安全生产教育和培训。

生产经营单位应当建立安全生产教育和培训档案，如实记录安全生产教育和培训的时间、内容、参加人员以及考核结果等情况。

第二十七条 生产经营单位的特种作业人员必须按照国家有关规定经专门的安全作业培训，取得相应资格，方可上岗作业。

特种作业人员的范围由国务院负责安全生产监督管理的部门会同国务院有关部门确定。

第三十二条 生产经营单位应当在有较大危险因素的生产经营场所和有关设施、设备上，设置明显的安全警示标志。

第三十三条 安全设备的设计、制造、安装、使用、检测、维修、改造和报废，应当符合国家标准或者行业标准。

生产经营单位必须对安全设备进行经常性维护、保养，并定期检测，保证正常运转。维护、保养、检测应当做好记录，并由有关人员签字。

第三十四条 生产经营单位使用的危险物品的容器、运输工具，以及涉及人身安全、危险性较大的海洋石油开采特种设备和矿山井下特种设备，必须按照国家有关规定，由专业生产单位生产，并经具有专业资质的检测、检验机构检测、检验合格，取得安全使用证或者安全标志，方可投入使用。检测、检验机构对检测、检验结果负责。

第三十五条 国家对严重危及生产安全的工艺、设备实行淘汰制度，具体目录由国务院安全生产监督管理部门会同国务院有关部门制定并公布。法律、行政法规对目录的制定另有规定的，适用其规定。

省、自治区、直辖市人民政府可以根据本地区实际情况制定并公布具体目录，对前款规定以外的危及生产安全的工艺、设备予以淘汰。

生产经营单位不得使用应当淘汰的危及生产安全的工艺、设备。

第三十七条 生产经营单位对重大危险源应当登记建档，进行定期检测、评估、监控，并制订应急预案，告知从业人员和相关人员在紧急情况下应当采取的应急措施。

生产经营单位应当按照国家有关规定将本单位重大危险源及有关安全措施、应急措施报有关地方人民政府安全生产监督管理部门和有关部门备案。

第四十条 生产经营单位进行爆破、吊装以及国务院安全生产监督管理部门会同国务院有关部门规定的其他危险作业，应当安排专门人员进行现场安全管理，确保操作规程的遵守和安全措施的落实。

第四十一条 生产经营单位应当教育和督促从业人员严格执行本单位的安全生产规章制度和安全操作规程；并向从业人员如实告知作业场所和工作岗位存在的危险因素、防范措施以及事故应急措施。

第四十二条 生产经营单位必须为从业人员提供符合国家标准或者行业标准的劳动防护用品，并监督、教育从业人员按照使用规则佩戴、使用。

第四十八条 生产经营单位必须依法参加工伤保险，为从业人员缴纳保险费。国家鼓励生产经营单位投保安全生产责任保险。

第四十九条 生产经营单位与从业人员订立的劳动合同，应当载明有关保障从业人员劳动安全、防止职业危害的事项，以及依法为从业人员办理工伤保险的事项。

生产经营单位不得以任何形式与从业人员订立协议，免除或者减轻其对从业人员因生产安全事故伤亡依法应承担的责任。

第五十条 生产经营单位的从业人员有权了解其作业场所和工作岗位存在的危险因素、防范措施及事故应急措施，有权对本单位的安全生产工作提出建议。

第五十一条　从业人员有权对本单位安全生产工作中存在的问题提出批评、检举、控告；有权拒绝违章指挥和强令冒险作业。

生产经营单位不得因从业人员对本单位安全生产工作提出批评、检举、控告或者拒绝违章指挥、强令冒险作业而降低其工资、福利等待遇或者解除与其订立的劳动合同。

第五十二条　从业人员发现直接危及人身安全的紧急情况时，有权停止作业或者在采取可能的应急措施后撤离作业场所。

生产经营单位不得因从业人员在前款紧急情况下停止作业或者采取紧急撤离措施而降低其工资、福利等待遇或者解除与其订立的劳动合同。

第五十三条　因生产安全事故受到损害的从业人员，除依法享有工伤保险外，依照有关民事法律尚有获得赔偿的权利的，有权向本单位提出赔偿要求。

第五十四条　从业人员在作业过程中，应当严格遵守本单位的安全生产规章制度和操作规程，服从管理，正确佩戴和使用劳动防护用品。

第五十五条　从业人员应当接受安全生产教育和培训，掌握本职工作所需的安全生产知识，提高安全生产技能，增强事故预防和应急处理能力。

第五十六条　从业人员发现事故隐患或者其他不安全因素，应当立即向现场安全生产管理人员或者本单位负责人报告；接到报告的人员应当及时处理。

第五十七条　工会有权对建设项目的安全设施与主体工程同时设计、同时施工、同时投入生产和使用进行监督，提出意见。

工会对生产经营单位违反安全生产法律、法规，侵犯从业人员合法权益的行为，有权要求纠正；发现生产经营单位违章指挥、强令冒险作业或者发现事故隐患时，有权提出解决的建议，生产经营单位应当及时研究答复；发现危及从业人员生命安全的情况时，有权向生产经营单位建议组织从业人员撤离危险场所，生产经营单位必须立即处理。

工会有权依法参加事故调查，向有关部门提出处理意见，并要求追究有关人员的责任。

第五十八条　生产经营单位使用被派遣劳动者的，被派遣劳动者享有本法规定的从业人员的权利，并应当履行本法规定的从业人员的义务。

《中华人民共和国特种设备安全法》有关规定

第二条　特种设备的生产（包括设计、制造、安装、改造、修理）、经营、使用、检验、检测和特种设备安全的监督管理，适用本法。

本法所称特种设备，是指对人身和财产安全有较大危险性的锅炉、压力容器（含气瓶）、压力管道、电梯、起重机械、客运索道、大型游乐设施、场（厂）内专用机动车辆，以及法律、行政法规规定适用本法的其他特种设备。

国家对特种设备实行目录管理。特种设备目录由国务院负责特种设备安全监督管理的部门制定，报国务院批准后执行。

第三条　特种设备安全工作应当坚持安全第一、预防为主、节能环保、综合治理的原则。

第十三条　特种设备生产、经营、使用单位及其主要负责人对其生产、经营、使用的特种设备安全负责。

特种设备生产、经营、使用单位应当按照国家有关规定配备特种设备安全管理人员、检测人员和作业人员，并对其进行必要的安全教育和技能培训。

第十四条　特种设备安全管理人员、检测人员和作业人员应当按照国家有关规定取得相应资格，方可从事相关工作。特种设备安全管理人员、检测人员和作业人员应当严格执行安全技术规范和管理制度，保证特种设备安全。

第二十三条　特种设备安装、改造、修理的施工单位应当在施工前将拟进行的特种设备安装、改造、修理情况书面告知直辖市或者设区的市级人民政府负责特种设备安全监督管理的部门。

第二十四条　特种设备安装、改造、修理竣工后，安装、改造、修理的施工单位应当在验收后三十日内将相关技术资料和文件移交特种设备使用单位。特种设备使用单位应当将其存入该特种设备的安全技术档案。

第二十八条　特种设备出租单位不得出租未取得许可生产的特种设备或者国家明令淘汰和已经报废的特种设备，以及未按照安全技术规范的要求进行维护保养和未经检验或者检验不合格的特种设备。

第二十九条　特种设备在出租期间的使用管理和维护保养义务由特种设备出租单位承担，法律另有规定或者当事人另有约定的除外。

第三十二条　特种设备使用单位应当使用取得许可生产并经检验合格的特种设备。

禁止使用国家明令淘汰和已经报废的特种设备。

第三十三条　特种设备使用单位应当在特种设备投入使用前或者投入使用后三十日内，向负责特种设备安全监督管理的部门办理使用登记，取得使用登记证书。登记标志应当置于该特种设备的显著位置。

第三十五条　特种设备使用单位应当建立特种设备安全技术档案。安全技术档案应当包括以下内容：

（一）特种设备的设计文件、产品质量合格证明、安装及使用维护保养说明、监督检验证明等相关技术资料和文件；

（二）特种设备的定期检验和定期自行检查记录；

（三）特种设备的日常使用状况记录；

（四）特种设备及其附属仪器仪表的维护保养记录；

（五）特种设备的运行故障和事故记录。

第三十九条　特种设备使用单位应当对其使用的特种设备进行经常性维护保养和定期自行检查，并作出记录。

特种设备使用单位应当对其使用的特种设备的安全附件、安全保护装置进行定期校验、检修，并作出记录。

第四十条　特种设备使用单位应当按照安全技术规范的要求，在检验合格有效期届满前一个月向特种设备检验机构提出定期检验要求。

特种设备检验机构接到定期检验要求后，应当按照安全技术规范的要求及时进行安全性能检验。特种设备使用单位应当将定期检验标志置于该特种设备的显著位置。

未经定期检验或者检验不合格的特种设备，不得继续使用。

第四十一条　特种设备安全管理人员应当对特种设备使用状况进行经常性检查，发现问题应当立即处理；情况紧急时，可以决定停止使用特种设备并及时报告本单位有关负责人。

特种设备作业人员在作业过程中发现事故隐患或者其他不安全因素，应当立即向特种设备安全管理人员和单位有关负责人报告；特种设备运行不正常时，特种设备作业人员应当按照操作规程采取有效措施以保证安全。

第四十二条　特种设备出现故障或者发生异常情况，特种设备使用单位应当对其进行全面检查，消除事故隐患，方可继续使用。

第七十条　特种设备发生事故后，事故发生单位应当按照应急预案采取措施，组织抢救，防止事故扩大，减少人员伤亡和财产损失，保护事故现场和有关证据，并及时向事故发生地县级以上人民政府负责特种设备安全监督管理的部门和有关部门报告。

县级以上人民政府负责特种设备安全监督管理的部门接到事故报告，应当尽快核实情况，立即向本级人民政府报告，并按照规定逐级上报。必要时，负责特种设备安全监督管理的部门可以越级上报事故情况。对特别重大事故、重大事故，国务院负责特种设备安全监督管理的部门应当立即报告国务院并通报国务院安全生产监督管理部门等有关部门。

与事故相关的单位和人员不得迟报、谎报或者瞒报事故情况，不得隐匿、毁灭有关证据或者故意破坏事故现场。

第七十一条　事故发生地人民政府接到事故报告，应当依法启动应急预案，采取应急处置措施，组织应急救援。

第七十二条　特种设备发生特别重大事故，由国务院或者国务院授权有关部门组织事故调查组进行调查。

发生重大事故，由国务院负责特种设备安全监督管理的部门会同有关部门组织事故调查组进行调查。

发生较大事故，由省、自治区、直辖市人民政府负责特种设备安全监督管理的部门会同有关部门组织事故调查组进行调查。

发生一般事故，由设区的市级人民政府负责特种设备安全监督管理的部门会同有关部门组织事故调查组进行调查。

事故调查组应当依法、独立、公正地开展调查，提出事故调查报告。

《建设工程安全生产管理条例》有关规定

第十五条　为建设工程提供机械设备和配件的单位，应当按照安全施工的要求配备齐全有效的保险、限位等安全设施和装置。

第十六条　出租的机械设备和施工机具及配件，应当具有生产（制造）许可证、产品合格证。

出租单位应当对出租的机械设备和施工机具及配件的安全性

能进行检测，在签订租赁协议时，应当出具检测合格证明。

禁止出租检测不合格的机械设备和施工机具及配件。

第十七条 在施工现场安装、拆卸施工起重机械和整体提升脚手架、模板等自升式架设设施，必须由具有相应资质的单位承担。

安装、拆卸施工起重机械和整体提升脚手架、模板等自升式架设设施，应当编制拆装方案，制定安全施工措施，并由专业技术人员现场监督。

施工起重机械和整体提升脚手架、模板等自升式架设设施安装完毕后，安装单位应当自检，出具自检合格证明，并向施工单位进行安全使用说明，办理验收手续并签字。

第十八条 施工起重机械和整体提升脚手架、模板等自升式架设设施的使用达到国家规定的检验检测期限的，必须经具有专业资质的检验检测机构检测。经检测不合格的，不得继续使用。

第二十五条 垂直运输机械作业人员、安装拆卸工、爆破作业人员、起重信号工、登高架设作业人员等特种作业人员，必须按照国家有关规定经过专门的安全作业培训，并取得特种作业操作资格证书后，方可上岗作业。

《建筑起重机械安全监督管理规定》（建设部令第 166 号）

第一条 为了加强建筑起重机械的安全监督管理，防止和减少生产安全事故，保障人民群众生命和财产安全，依据《建设工程安全生产管理条例》《特种设备安全监察条例》《安全生产许可证条例》，制定本规定。

第二条 建筑起重机械的租赁、安装、拆卸、使用及其监督管理，适用本规定。

本规定所称建筑起重机械，是指纳入特种设备目录，在房屋建筑工地和市政工程工地安装、拆卸、使用的起重机械。

第三条 国务院建设主管部门对全国建筑起重机械的租赁、安装、拆卸、使用实施监督管理。

县级以上地方人民政府建设主管部门对本行政区域内的建筑起重机械的租赁、安装、拆卸、使用实施监督管理。

第四条 出租单位出租的建筑起重机械和使用单位购置、租赁、使用的建筑起重机械应当具有特种设备制造许可证、产品合格证、制造监督检验证明。

第五条 出租单位在建筑起重机械首次出租前，自购建筑起重机械的使用单位在建筑起重机械首次安装前，应当持建筑起重机械特种设备制造许可证、产品合格证和制造监督检验证明到本单位工商注册所在地县级以上地方人民政府建设主管部门办理备案。

第六条 出租单位应当在签订的建筑起重机械租赁合同中，明确租赁双方的安全责任，并出具建筑起重机械特种设备制造许可证、产品合格证、制造监督检验证明、备案证明和自检合格证明，提交安装使用说明书。

第七条 有下列情形之一的建筑起重机械，不得出租、使用：

（一）属国家明令淘汰或者禁止使用的；

（二）超过安全技术标准或者制造厂家规定的使用年限的；

（三）经检验达不到安全技术标准规定的；

（四）没有完整安全技术档案的；

（五）没有齐全有效的安全保护装置的。

第八条 建筑起重机械有本规定第七条第（一）、（二）、（三）项情形之一的，出租单位或者自购建筑起重机械的使用单位应当予以报废，并向原备案机关办理注销手续。

第九条 出租单位、自购建筑起重机械的使用单位，应当建立建筑起重机械安全技术档案。

建筑起重机械安全技术档案应当包括以下资料：

（一）购销合同、制造许可证、产品合格证、制造监督检验证明、安装使用说明书、备案证明等原始资料；

（二）定期检验报告、定期自行检查记录、定期维护保养记录、维修和技术改造记录、运行故障和生产安全事故记录、累计运转记录等运行资料；

（三）历次安装验收资料。

第十条　从事建筑起重机械安装、拆卸活动的单位（以下简称安装单位）应当依法取得建设主管部门颁发的相应资质和建筑施工企业安全生产许可证，并在其资质许可范围内承揽建筑起重机械安装、拆卸工程。

第十一条　建筑起重机械使用单位和安装单位应当在签订的建筑起重机械安装、拆卸合同中明确双方的安全生产责任。

实行施工总承包的，施工总承包单位应当与安装单位签订建筑起重机械安装、拆卸工程安全协议书。

第十二条　安装单位应当履行下列安全职责：

（一）按照安全技术标准及建筑起重机械性能要求，编制建筑起重机械安装、拆卸工程专项施工方案，并由本单位技术负责人签字；

（二）按照安全技术标准及安装使用说明书等检查建筑起重机械及现场施工条件；

（三）组织安全施工技术交底并签字确认；

（四）制定建筑起重机械安装、拆卸工程生产安全事故应急救援预案；

（五）将建筑起重机械安装、拆卸工程专项施工方案，安装、拆卸人员名单，安装、拆卸时间等材料报施工总承包单位和监理单位审核后，告知工程所在地县级以上地方人民政府建设主管部门。

第十三条　安装单位应当按照建筑起重机械安装、拆卸工程专项施工方案及安全操作规程组织安装、拆卸作业。

安装单位的专业技术人员、专职安全生产管理人员应当进行现场监督，技术负责人应当定期巡查。

第十四条　建筑起重机械安装完毕后，安装单位应当按照安全技术标准及安装使用说明书的有关要求对建筑起重机械进行自检、调试和试运转。自检合格的，应当出具自检合格证明，并向使用单位进行安全使用说明。

第十五条　安装单位应当建立建筑起重机械安装、拆卸工程档案。

建筑起重机械安装、拆卸工程档案应当包括以下资料：

（一）安装、拆卸合同及安全协议书；

（二）安装、拆卸工程专项施工方案；

（三）安全施工技术交底的有关资料；

（四）安装工程验收资料；

（五）安装、拆卸工程生产安全事故应急救援预案。

第十六条　建筑起重机械安装完毕后，使用单位应当组织出租、安装、监理等有关单位进行验收，或者委托具有相应资质的检验检测机构进行验收。建筑起重机械经验收合格后方可投入使用，未经验收或者验收不合格的不得使用。

实行施工总承包的，由施工总承包单位组织验收。

建筑起重机械在验收前应当经有相应资质的检验检测机构监督检验合格。

检验检测机构和检验检测人员对检验检测结果、鉴定结论依法承担法律责任。

第十七条　使用单位应当自建筑起重机械安装验收合格之日起30日内，将建筑起重机械安装验收资料、建筑起重机械安全管理制度、特种作业人员名单等，向工程所在地县级以上地方人民政府建设主管部门办理建筑起重机械使用登记。登记标志置于或者附着于该设备的显著位置。

第十八条　使用单位应当履行下列安全职责：

（一）根据不同施工阶段、周围环境以及季节、气候的变化，对建筑起重机械采取相应的安全防护措施；

（二）制定建筑起重机械生产安全事故应急救援预案；

（三）在建筑起重机械活动范围内设置明显的安全警示标志，对集中作业区做好安全防护；

（四）设置相应的设备管理机构或者配备专职的设备管理人员；

（五）指定专职设备管理人员、专职安全生产管理人员进行现场监督检查；

（六）建筑起重机械出现故障或者发生异常情况的，立即停止使用，消除故障和事故隐患后，方可重新投入使用。

第十九条　使用单位应当对在用的建筑起重机械及其安全保护装置、吊具、索具等进行经常性和定期性的检查、维护和保养，并做好记录。

使用单位在建筑起重机械租期结束后，应当将定期检查、维护和保养记录移交出租单位。

建筑起重机械租赁合同对建筑起重机械的检查、维护、保养另有约定的，从其约定。

第二十条　建筑起重机械在使用过程中需要附着的，使用单位应当委托原安装单位或者具有相应资质的安装单位按照专项施工方案实施，并按照本规定第十六条规定组织验收。验收合格后方可投入使用。

建筑起重机械在使用过程中需要顶升的，使用单位委托原安装单位或者具有相应资质的安装单位按照专项施工方案实施后，即可投入使用。

禁止擅自在建筑起重机械上安装非原制造厂制造的标准节和附着装置。

第二十一条 施工总承包单位应当履行下列安全职责：

（一）向安装单位提供拟安装设备位置的基础施工资料，确保建筑起重机械进场安装、拆卸所需的施工条件；

（二）审核建筑起重机械的特种设备制造许可证、产品合格证、制造监督检验证明、备案证明等文件；

（三）审核安装单位、使用单位的资质证书、安全生产许可证和特种作业人员的特种作业操作资格证书；

（四）审核安装单位制定的建筑起重机械安装、拆卸工程专项施工方案和生产安全事故应急救援预案；

（五）审核使用单位制定的建筑起重机械生产安全事故应急救援预案；

（六）指定专职安全生产管理人员监督检查建筑起重机械安装、拆卸、使用情况；

（七）施工现场有多台塔式起重机作业时，应当组织制定并实施防止塔式起重机相互碰撞的安全措施。

第二十二条 监理单位应当履行下列安全职责：

（一）审核建筑起重机械特种设备制造许可证、产品合格证、制造监督检验证明、备案证明等文件；

（二）审核建筑起重机械安装单位、使用单位的资质证书、安全生产许可证和特种作业人员的特种作业操作资格证书；

（三）审核建筑起重机械安装、拆卸工程专项施工方案；

（四）监督安装单位执行建筑起重机械安装、拆卸工程专项施工方案情况；

（五）监督检查建筑起重机械的使用情况；

（六）发现存在生产安全事故隐患的，应当要求安装单位、使用单位限期整改，对安装单位、使用单位拒不整改的，及时向建设单位报告。

第二十三条　依法发包给两个及两个以上施工单位的工程，不同施工单位在同一施工现场使用多台塔式起重机作业时，建设单位应当协调组织制定防止塔式起重机相互碰撞的安全措施。

安装单位、使用单位拒不整改生产安全事故隐患的，建设单位接到监理单位报告后，应当责令安装单位、使用单位立即停工整改。

第二十四条　建筑起重机械特种作业人员应当遵守建筑起重机械安全操作规程和安全管理制度，在作业中有权拒绝违章指挥和强令冒险作业，有权在发生危及人身安全的紧急情况时立即停止作业或者采取必要的应急措施后撤离危险区域。

第二十五条　建筑起重机械安装拆卸工、起重信号工、起重司机、司索工等特种作业人员应当经建设主管部门考核合格，并取得特种作业操作资格证书后，方可上岗作业。

省、自治区、直辖市人民政府建设主管部门负责组织实施建筑施工企业特种作业人员的考核。

特种作业人员的特种作业操作资格证书遵国务院建设主管部门规定统一的样式。

第二十六条　建设主管部门履行安全监督检查职责时，有权采取下列措施：

（一）要求被检查的单位提供有关建筑起重机械的文件和资料；

（二）进入被检查单位和被检查单位的施工现场进行检查；

（三）对检查中发现的建筑起重机械生产安全事故隐患，责令立即排除；重大生产安全事故隐患排除前或者排除过程中无法保证安全的，责令从危险区域撤出作业人员或者暂时停止施工。

第二十七条　负责办理备案或者登记的建设主管部门应当建立本行政区域内的建筑起重机械档案，按照有关规定对建筑起重机械进行统一编号，并定期向社会公布建筑起重机械的安全状况。

第二十八条 违反本规定，出租单位、自购建筑起重机械的使用单位，有下列行为之一的，由县级以上地方人民政府建设主管部门责令限期改正，予以警告，并处以5000元以上1万元以下罚款：

（一）未按照规定办理备案的；

（二）未按照规定办理注销手续的；

（三）未按照规定建立建筑起重机械安全技术档案的。

第二十九条 违反本规定，安装单位有下列行为之一的，由县级以上地方人民政府建设主管部门责令限期改正，予以警告，并处以5000元以上3万元以下罚款：

（一）未履行第十二条第（二）、（四）、（五）项安全职责的；

（二）未按照规定建立建筑起重机械安装、拆卸工程档案的；

（三）未按照建筑起重机械安装、拆卸工程专项施工方案及安全操作规程组织安装、拆卸作业的。

第三十条 违反本规定，使用单位有下列行为之一的，由县级以上地方人民政府建设主管部门责令限期改正，予以警告，并处以5000元以上3万元以下罚款：

（一）未履行第十八条第（一）、（二）、（四）、（六）项安全职责的；

（二）未指定专职设备管理人员进行现场监督检查的；

（三）擅自在建筑起重机械上安装非原制造厂制造的标准节和附着装置的。

第三十一条 违反本规定，施工总承包单位未履行第二十一条第（一）、（三）、（四）、（五）、（七）项安全职责的，由县级以上地方人民政府建设主管部门责令限期改正，予以警告，并处以5000元以上3万元以下罚款。

第三十二条 违反本规定，监理单位未履行第二十二条第（一）、（二）、（四）、（五）项安全职责的，由县级以上地方人民政府建设主管部门责令限期改正，予以警告，并处以5000元以上3万元以下罚款。

第三十三条 违反本规定，建设单位有下列行为之一的，由县级以上地方人民政府建设主管部门责令限期改正，予以警告，并处以5000元以上3万元以下罚款；逾期未改的，责令停止施工：

（一）未按照规定协调组织制定防止多台塔式起重机相互碰撞的安全措施的；

（二）接到监理单位报告后，未责令安装单位、使用单位立即停工整改的。

第三十四条 违反本规定，建设主管部门的工作人员有下列行为之一的，依法给予处分；构成犯罪的，依法追究刑事责任：

（一）发现违反本规定的违法行为不依法查处的；

（二）发现在用的建筑起重机械存在严重生产安全事故隐患不依法处理的；

（三）不依法履行监督管理职责的其他行为。

第三十五条 本规定自2008年6月1日起施行。

《建筑施工特种作业人员管理规定》（建〔2008〕75号）

第一章 总则

第一条 为加强对建筑施工特种作业人员的管理，防止和减少生产安全事故，根据《安全生产许可证条例》《建筑起重机械安全监督管理规定》等法规规章，制定本规定。

第二条 建筑施工特种作业人员的考核、发证、从业和监督管理，适用本规定。

本规定所称建筑施工特种作业人员是指在房屋建筑和市政工程施工活动中，从事可能对本人、他人及周围设备设施的安全造成重大危害作业的人员。

第三条　建筑施工特种作业包括：

（一）建筑电工；

（二）建筑架子工；

（三）建筑起重信号司索工；

（四）建筑起重机械司机；

（五）建筑起重机械安装拆卸工；

（六）高处作业吊篮安装拆卸工；

（七）经省级以上人民政府建设主管部门认定的其他特种作业。

第四条　建筑施工特种作业人员必须经建设主管部门考核合格，取得建筑施工特种作业人员操作资格证书（以下简称"资格证书"），方可上岗从事相应作业。

第五条　国务院建设主管部门负责全国建筑施工特种作业人员的监督管理工作。

省、自治区、直辖市人民政府建设主管部门负责本行政区域内建筑施工特种作业人员的监督管理工作。

第二章　考核

第六条　建筑施工特种作业人员的考核发证工作，由省、自治区、直辖市人民政府建设主管部门或其委托的考核发证机构（以下简称"考核发证机关"）负责组织实施。

第七条　考核发证机关应当在办公场所公布建筑施工特种作业人员申请条件、申请程序、工作时限、收费依据和标准等事项。

考核发证机关应当在考核前在机关网站或新闻媒体上公布考

核科目、考核地点、考核时间和监督电话等事项。

第八条 申请从事建筑施工特种作业的人员，应当具备下列基本条件：

（一）年满 18 周岁且符合相关工种规定的年龄要求；

（二）经医院体检合格且无妨碍从事相应特种作业的疾病和生理缺陷；

（三）初中及以上学历；

（四）符合相应特种作业需要的其他条件。

第九条 符合本规定第八条规定的人员应当向本人户籍所在地或者从业所在地考核发证机关提出申请，并提交相关证明材料。

第十条 考核发证机关应当自收到申请人提交的申请材料之日起 5 个工作日内依法作出受理或者不予受理的决定。

对于受理的申请，考核发证机关应当及时向申请人核发准考证。

第十一条 建筑施工特种作业人员的考核内容应当包括安全技术理论和实际操作。

考核大纲由国务院建设主管部门制定。

第十二条 考核发证机关应当自考核结束之日起 10 个工作日内公布考核成绩。

第十三条 考核发证机关对于考核合格的，应当自考核结果公布之日起 10 个工作日内颁发资格证书；对于考核不合格的，应当通知申请人并说明理由。

第十四条 资格证书应当采用国务院建设主管部门规定的统一样武，由考核发证机关编号后签发。资格证书在全国通用。

第三章 从业

第十五条 持有资格证书的人员，应当受聘于建筑施工企业或者建筑起重机械出租单位（以下简称用人单位），方可从事相应的特种作业。

第十六条　用人单位对于首次取得资格证书的人员，应当在其正式上岗前安排不少于 3 个月的实习操作。

第十七条　建筑施工特种作业人员应当严格按照安全技术标准、规范和规程进行作业，正确佩戴和使用安全防护用品，并按规定对作业工具和设备进行维护保养。

建筑施工特种作业人员应当参加年度安全教育培训或者继续教育，每年不得少于 24 小时。

第十八条　在施工中发生危及人身安全的紧急情况时，建筑施工特种作业人员有权立即停止作业或者撤离危险区域，并向施工现场专职安全生产管理人员和项目负责人报告。

第十九条　用人单位应当履行下列职责：

（一）与持有效资格证书的特种作业人员订立劳动合同；

（二）制定并落实本单位特种作业安全操作规程和有关安全管理制度；

（三）书面告知特种作业人员违章操作的危害；

（四）向特种作业人员提供齐全、合格的安全防护用品和安全的作业条件；

（五）按规定组织特种作业人员参加年度安全教育培训或者继续教育，培训时间不少于 24 小时；

（六）建立本单位特种作业人员管理档案；

（七）查处特种作业人员违章行为并记录在档；

（八）法律法规及有关规定明确的其他职责。

第二十条　任何单位和个人不得非法涂改、倒卖、出租、出借或者以其他形式转让资格证书。

第二十一条　建筑施工特种作业人员变动工作单位，任何单位和个人不得以任何理由非法扣押其资格证书。

第四章　延期复核

第二十二条　资格证书有效期为两年。有效期满需要延期的，建筑施工特种作业人员应当于期满前3个月内向原考核发证机关申请办理延期复核手续。延期复核合格的，资格证书有效期延期2年。

第二十三条　建筑施工特种作业人员申请延期复核，应当提交下列材料：

（一）身份证（原件和复印件）；

（二）体检合格证明；

（三）年度安全教育培训证明或者继续教育证明；

（四）用人单位出具的特种作业人员管理档案记录；

（五）考核发证机关规定提交的其他资料。

第二十四条　建筑施工特种作业人员在资格证书有效期内，有下列情形之一的，延期复核结果为不合格：

（一）超过相关工种规定年龄要求的；

（二）身体健康状况不再适应相应特种作业岗位的；

（三）对生产安全事故负有责任的；

（四）2年内违章操作记录达3次（含3次）以上的；

（五）未按规定参加年度安全教育培训或者继续教育的；

（六）考核发证机关规定的其他情形。

第二十五条　考核发证机关在收到建筑施工特种作业人员提交的延期复核资料后，应当根据以下情况分别作出处理：

（一）对于属于本规定第二十四条情形之一的，自收到延期复核资料之日起5个工作日内作出不予延期决定，并说明理由；

（二）对于提交资料齐全且无本规定第二十四条情形的，自受理之日起10个工作日内办理准予延期复核手续，并在证书上注明延期复核合格，并加盖延期复核专用章。

第二十六条　考核发证机关应当在资格证书有效期满前按本规定第二十五条作出决定；逾期未作出决定的，视为延期复核合格。

第五章　监督管理

第二十七条　考核发证机关应当制定建筑施工特种作业人员考核发证管理制度，建立本地区建筑施工特种作业人员档案。

县级以上地方人民政府建设主管部门应当监督检查建筑施工特种作业人员从业活动，查处违章作业行为并记录在档。

第二十八条　考核发证机关应当在每年年底向国务院建设主管部门报送建筑施工特种作业人员考核发证和延期复核情况的年度统计信息资料。

第二十九条　有下列情形之一的，考核发证机关应当撤销资格证书：

（一）持证人弄虚作假骗取资格证书或者办理延期复核手续的；

（二）考核发证机关工作人员违法核发资格证书的；

（三）考核发证机关规定应当撤销资格证书的其他情形。

第三十条　有下列情形之一的，考核发证机关应当注销资格证书：

（一）依法不予延期的；

（二）持证人逾期未申请办理延期复核手续的；

（三）持证人死亡或者不具有完全民事行为能力的；

（四）考核发证机关规定应当注销的其他情形。

第六章　附则

第三十一条　省、自治区、直辖市人民政府建设主管部门可结合本地区实际情况制定实施细则，并报国务院建设主管部门备案。

第三十二条　本办法自 2008 年 6 月 1 日起施行。

《关于建筑施工特种作业人员考核工作的实施意见》
（建办质【2008】41 号）

为规范建筑施工特种作业人员考核管理工作，根据《建筑施工特种作业人员管理规定》（建质［2008］75 号），制定以下实施意见：

一、考核目的

为提高建筑施工特种作业人员的素质，防止和减少建筑施工生产安全事故，通过安全技术理论知识和安全操作技能考核，确保取得《建筑施工特种作业操作资格证书》人员具备独立从事相应特种作业工作能力。

二、考核机关

省、自治区、直辖市人民政府建设主管部门或其委托的考核机构负责本行政区域内建筑施工特种作业人员的考核工作。

三、考核对象

在房屋建筑和市政工程（以下简称"建筑工程"）施工现场从事建筑电工、建筑架子工、建筑起重信号司索工、建筑起重机械司机、建筑起重机械安装拆卸工、高处作业吊篮安装拆卸工以及经省级以上人民政府建设主管部门认定的其他特种作业的人员。

四、考核条件

参加考核人员应当具备下列条件：

（一）年满 18 周岁且符合相应特种作业规定的年龄要求：

（二）近三个月内经二级乙等以上医院体检合格且无妨碍从事相应特种作业的疾病和生理缺陷；

（三）初中及以上学历；

（四）符合相应特种作业规定的其他条件。

五、考核内容

建筑施工特种作业人员考核内容应当包括安全技术理论和安全操作技能。《建筑施工特种作业人员安全技术考核大纲（试行)》见附件二。

考核内容分掌握、熟悉、了解三类。其中掌握即要求能运用相关特种作业知识解决实际问题，熟悉即要求能较深理解相关特种作业安全技术知识，了解即要求具有相关特种作业的基本知识。

六、考核办法

（一）安全技术理论考核，采用闭卷笔试方式。考核时间为 2 小时，实行百分制，60 分为合格。其中，安全生产基本知识占 25％、专业基础知识占 25％、专业技术理论占 50％。

（二）安全操作技能考核，采用实际操作（或模拟操作）、口试等方式。考核实行百分制，70 分为合格。

（三）安全技术理论考核不合格的，不得参加安全操作技能考核。安全技术理论考试和实际操作技能考核均合格的，为考核合格。

七、其他事项

（一）考核发证机关应当建立健全建筑施工特种作业人员考核、发证及档案管理计算机信息系统，加强考核场地和考核人员队伍建设，注重实际操作考核质量。

（二）首次取得《建筑施工特种作业操作资格证书》的人员实习操作不得少于三个月。实习操作期间，用人单位应当指定专人指导和监督作业。指导人员应当从取得相应特种作业资格证书并从事相关工作 3 年以上、无不良记录的熟练工中选择。实习操作期满，经用人单位考核合格，方可独立作业。

《危险性较大的分部分项工程安全管理规定》
（中华人民共和国住房和城乡建设部令第 37 号）

《危险性较大的分部分项工程安全管理规定》已经 2018 年 2 月 12 日第 37 次部常务会议审议通过，现予发布，自 2018 年 6 月 1 日起施行。

住房城乡建设部部长　王蒙徽

2018 年 3 月 8 日

危险性较大的分部分项工程安全管理规定

第一章　总则

第一条　为加强对房屋建筑和市政基础设施工程中危险性较大的分部分项工程安全管理，有效防范生产安全事故，依据《中华人民共和国建筑法》《中华人民共和国安全生产法》《建设工程安全生产管理条例》等法律法规，制定本规定。

第二条　本规定适用于房屋建筑和市政基础设施工程中危险性较大的分部分项工程安全管理。

第三条　本规定所称危险性较大的分部分项工程（以下简称"危大工程"），是指房屋建筑和市政基础设施工程在施工过程中，容易导致人员群死群伤或者造成重大经济损失的分部分项工程。

危大工程及超过一定规模的危大工程范围由国务院住房城乡

建设主管部门制定。

省级住房城乡建设主管部门可以结合本地区实际情况，补充本地区危大工程范围。

第四条 国务院住房城乡建设主管部门负责全国危大工程安全管理的指导监督。

县级以上地方人民政府住房城乡建设主管部门负责本行政区域内危大工程的安全监督管理。

第二章 前期保障

第五条 建设单位应当依法提供真实、准确、完整的工程地质、水文地质和工程周边环境等资料。

第六条 勘察单位应当根据工程实际及工程周边环境资料，在勘察文件中说明地质条件可能造成的工程风险。

设计单位应当在设计文件中注明涉及危大工程的重点部位和环节，提出保障工程周边环境安全和工程施工安全的意见，必要时进行专项设计。

第七条 建设单位应当组织勘察、设计等单位在施工招标文件中列出危大工程清单，要求施工单位在投标时补充完善危大工程清单并明确相应的安全管理措施。

第八条 建设单位应当按照施工合同约定及时支付危大工程施工技术措施费以及相应的安全防护文明施工措施费，保障危大工程施工安全。

第九条 建设单位在申请办理安全监督手续时，应当提交危大工程清单及其安全管理措施等资料。

第三章 专项施工方案

第十条 施工单位应当在危大工程施工前组织工程技术人员编制专项施工方案。

实行施工总承包的,专项施工方案应当由施工总承包单位组织编制。危大工程实行分包的,专项施工方案可以由相关专业分包单位组织编制。

第十一条　专项施工方案应当由施工单位技术负责人审核签字、加盖单位公章,并由总监理工程师审查签字、加盖执业印章后方可实施。

危大工程实行分包并由分包单位编制专项施工方案的,专项施工方案应当由总承包单位技术负责人及分包单位技术负责人共同审核签字并加盖单位公章。

第十二条　对于超过一定规模的危大工程,施工单位应当组织召开专家论证会对专项施工方案进行论证。实行施工总承包的,由施工总承包单位组织召开专家论证会。专家论证前专项施工方案应当通过施工单位审核和总监理工程师审查。

专家应当从地方人民政府住房城乡建设主管部门建立的专家库中选取,符合专业要求且人数不得少于 5 名。与本工程有利害关系的人员不得以专家身份参加专家论证会。

第十三条　专家论证会后,应当形成论证报告,对专项施工方案提出通过、修改后通过或者不通过的一致意见。专家对论证报告负责并签字确认。

专项施工方案经论证需修改后通过的,施工单位应当根据论证报告修改完善后,重新履行本规定第十一条的程序。

专项施工方案经论证不通过的,施工单位修改后应当按照本规定的要求重新组织专家论证。

第四章　现场安全管理

第十四条　施工单位应当在施工现场显著位置公告危大工程名称、施工时间和具体责任人员,并在危险区域设置安全警示标志。

第十五条　专项施工方案实施前，编制人员或者项目技术负责人应当向施工现场管理人员进行方案交底。

施工现场管理人员应当向作业人员进行安全技术交底，并由双方和项目专职安全生产管理人员共同签字确认。

第十六条　施工单位应当严格按照专项施工方案组织施工，不得擅自修改专项施工方案。

因规划调整、设计变更等原因确需调整的，修改后的专项施工方案应当按照本规定重新审核和论证。涉及资金或者工期调整的，建设单位应当按照约定予以调整。

第十七条　施工单位应当对危大工程施工作业人员进行登记，项目负责人应当在施工现场履职。

项目专职安全生产管理人员应当对专项施工方案实施情况进行现场监督，对未按照专项施工方案施工的，应当要求立即整改，并及时报告项目负责人，项目负责人应当及时组织限期整改。

施工单位应当按照规定对危大工程进行施工监测和安全巡视，发现危及人身安全的紧急情况，应当立即组织作业人员撤离危险区域。

第十八条　监理单位应当结合危大工程专项施工方案编制监理实施细则，并对危大工程施工实施专项巡视检查。

第十九条　监理单位发现施工单位未按照专项施工方案施工的，应当要求其进行整改；情节严重的，应当要求其暂停施工，并及时报告建设单位。施工单位拒不整改或者不停止施工的，监理单位应当及时报告建设单位和工程所在地住房城乡建设主管部门。

第二十条　对于按照规定需要进行第三方监测的危大工程，建设单位应当委托具有相应勘察资质的单位进行监测。

监测单位应当编制监测方案。监测方案由监测单位技术负责人审核签字并加盖单位公章，报送监理单位后方可实施。

监测单位应当按照监测方案开展监测，及时向建设单位报送监测成果，并对监测成果负责；发现异常时，及时向建设、设计、施工、监理单位报告，建设单位应当立即组织相关单位采取处置措施。

第二十一条　对于按照规定需要验收的危大工程，施工单位、监理单位应当组织相关人员进行验收。验收合格的，经施工单位项目技术负责人及总监理工程师签字确认后，方可进入下一道工序。

危大工程验收合格后，施工单位应当在施工现场明显位置设置验收标识牌，公示验收时间及责任人员。

第二十二条　危大工程发生险情或者事故时，施工单位应当立即采取应急处置措施，并报告工程所在地住房城乡建设主管部门。建设、勘察、设计、监理等单位应当配合施工单位开展应急抢险工作。

第二十三条　危大工程应急抢险结束后，建设单位应当组织勘察、设计、施工、监理等单位制定工程恢复方案，并对应急抢险工作进行后评估。

第二十四条　施工、监理单位应当建立危大工程安全管理档案。

施工单位应当将专项施工方案及审核、专家论证、交底、现场检查、验收及整改等相关资料纳入档案管理。

监理单位应当将监理实施细则、专项施工方案审查、专项巡视检查、验收及整改等相关资料纳入档案管理。

第五章　监督管理

第二十五条　设区的市级以上地方人民政府住房城乡建设主管部门应当建立专家库，制定专家库管理制度，建立专家诚信档案，并向社会公布，接受社会监督。

第二十六条 县级以上地方人民政府住房城乡建设主管部门或者所属施工安全监督机构，应当根据监督工作计划对危大工程进行抽查。

县级以上地方人民政府住房城乡建设主管部门或者所属施工安全监督机构，可以通过政府购买技术服务方式，聘请具有专业技术能力的单位和人员对危大工程进行检查，所需费用向本级财政申请予以保障。

第二十七条 县级以上地方人民政府住房城乡建设主管部门或者所属施工安全监督机构，在监督抽查中发现危大工程存在安全隐患的，应当责令施工单位整改；重大安全事故隐患排除前或者排除过程中无法保证安全的，责令从危险区域内撤出作业人员或者暂时停止施工；对依法应当给予行政处罚的行为，应当依法作出行政处罚决定。

第二十八条 县级以上地方人民政府住房城乡建设主管部门应当将单位和个人的处罚信息纳入建筑施工安全生产不良信用记录。

第六章 法律责任

第二十九条 建设单位有下列行为之一的，责令限期改正，并处 1 万元以上 3 万元以下的罚款；对直接负责的主管人员和其他直接责任人员处 1000 元以上 5000 元以下的罚款：

（一）未按照本规定提供工程周边环境等资料的；

（二）未按照本规定在招标文件中列出危大工程清单的；

（三）未按照施工合同约定及时支付危大工程施工技术措施费或者相应的安全防护文明施工措施费的；

（四）未按照本规定委托具有相应勘察资质的单位进行第三方监测的；

（五）未对第三方监测单位报告的异常情况组织采取处置措施的。

第三十条　勘察单位未在勘察文件中说明地质条件可能造成的工程风险的，责令限期改正，依照《建设工程安全生产管理条例》对单位进行处罚；对直接负责的主管人员和其他直接责任人员处 1000 元以上 5000 元以下的罚款。

第三十一条　设计单位未在设计文件中注明涉及危大工程的重点部位和环节，未提出保障工程周边环境安全和工程施工安全意见的，责令限期改正，并处 1 万元以上 3 万元以下的罚款；对直接负责的主管人员和其他直接责任人员处 1000 元以上 5000 元以下的罚款。

第三十二条　施工单位未按照本规定编制并审核危大工程专项施工方案的，依照《建设工程安全生产管理条例》对单位进行处罚，并暂扣安全生产许可证 30 日；对直接负责的主管人员和其他直接责任人员处 1000 元以上 5000 元以下的罚款。

第三十三条　施工单位有下列行为之一的，依照《中华人民共和国安全生产法》《建设工程安全生产管理条例》对单位和相关责任人员进行处罚：

（一）未向施工现场管理人员和作业人员进行方案交底和安全技术交底的；

（二）未在施工现场显著位置公告危大工程，并未在危险区域设置安全警示标志的；

（三）项目专职安全生产管理人员未对专项施工方案实施情况进行现场监督的。

第三十四条　施工单位有下列行为之一的，责令限期改正，处 1 万元以上 3 万元以下的罚款，并暂扣安全生产许可证 30 日；对直接负责的主管人员和其他直接责任人员处 1000 元以上 5000 元以下的罚款：

（一）未对超过一定规模的危大工程专项施工方案进行专家论证的；

（二）未根据专家论证报告对超过一定规模的危大工程专项施工方案进行修改，或者未按照本规定重新组织专家论证的；

（三）未严格按照专项施工方案组织施工，或者擅自修改专项施工方案的。

第三十五条 施工单位有下列行为之一的，责令限期改正，并处 1 万元以上 3 万元以下的罚款；对直接负责的主管人员和其他直接责任人员处 1000 元以上 5000 元以下的罚款：

（一）项目负责人未按照本规定现场履职或者组织限期整改的；

（二）施工单位未按照本规定进行施工监测和安全巡视的；

（三）未按照本规定组织危大工程验收的；

（四）发生险情或者事故时，未采取应急处置措施的；

（五）未按照本规定建立危大工程安全管理档案的。

第三十六条 监理单位有下列行为之一的，依照《中华人民共和国安全生产法》《建设工程安全生产管理条例》对单位进行处罚；对直接负责的主管人员和其他直接责任人员处 1000 元以上 5000 元以下的罚款：

（一）总监理工程师未按照本规定审查危大工程专项施工方案的；

（二）发现施工单位未按照专项施工方案实施，未要求其整改或者停工的；

（三）施工单位拒不整改或者不停止施工时，未向建设单位和工程所在地住房城乡建设主管部门报告的。

第三十七条 监理单位有下列行为之一的，责令限期改正，并处 1 万元以上 3 万元以下的罚款；对直接负责的主管人员和其他直接责任人员处 1000 元以上 5000 元以下的罚款：

（一）未按照本规定编制监理实施细则的；

（二）未对危大工程施工实施专项巡视检查的；

（三）未按照本规定参与组织危大工程验收的；

（四）未按照本规定建立危大工程安全管理档案的。

第三十八条　监测单位有下列行为之一的，责令限期改正，并处 1 万元以上 3 万元以下的罚款；对直接负责的主管人员和其他直接责任人员处 1000 元以上 5000 元以下的罚款：

（一）未取得相应勘察资质从事第三方监测的；

（二）未按照本规定编制监测方案的；

（三）未按照监测方案开展监测的；

（四）发现异常未及时报告的。

第三十九条　县级以上地方人民政府住房城乡建设主管部门或者所属施工安全监督机构的工作人员，未依法履行危大工程安全监督管理职责的，依照有关规定给予处分。

第七章　附则

第四十条　本规定自 2018 年 6 月 1 日起施行。

参考文献

［1］GB/T 10054—2005 施工升降机［S］.

［2］GB/T 26557—2011 吊笼有垂直导向的人货两用施工升降机
［S］.

［3］GB 5082—85 起重吊运指挥信号［S］.

［4］住房和城乡建设部工程质量安全监管司．施工升降机安装拆
卸工［M］．北京：中国建筑工业出版社．

［5］GB 18209.1—2010 机械电气安全指示、标志和操作 第1
部分：关于视觉、听觉和触觉信号的要求［S］.

［6］GB 2893—2008 安全色［S］.

［7］JGJ 215—2010 建筑施工升降机安装、使用、拆卸安全技术
规程［S］.